药厂设计概论

崔明勇 ◎ 主编

山东科学技术出版社
·济南·

图书在版编目（CIP）数据
药厂设计概论 / 崔明勇主编. -- 济南 : 山东科学技术出版社, 2025. 1. -- ISBN 978-7-5723-2497-0
Ⅰ. TQ460.8
中国国家版本馆 CIP 数据核字第 202528LH24 号

药厂设计概论

YAOCHANG SHEJI GAILUN

责任编辑：孙雅臻
装帧设计：侯　宇

主管单位：山东出版传媒股份有限公司
出 版 者：山东科学技术出版社
地址：济南市市中区舜耕路 517 号
邮编：250003　　电话：（0531）82098088
网址：www.lkj.com.cn
电子邮件：sdkj@sdcbcm.com
发 行 者：山东科学技术出版社
地址：济南市市中区舜耕路 517 号
邮编：250003　　电话：（0531）82098067
印 刷 者：济南普林达印务有限公司
地址：山东省济南市市中区二环西路 12340 号西车间
邮编：250001　　电话：（0531）82904672

规格： 16 开（170 mm × 240 mm）
印张： 17.5　**字数：** 228 千
版次： 2025 年 1 月第 1 版　**印次：** 2025 年 1 月第 1 次印刷
定价： 35.00 元

作者简介

（按参加编写工作的先后顺序排名）

崔明勇 山东省医药工业设计院原总工程师
工程技术应用研究员
山东省工程设计大师
国家医药行业工程设计大师

刘飞舟 山东省医药工业设计院有限公司电气专业总工程师
工程技术应用研究员

陈东方 上海汉智工程设计与顾问有限公司山东分公司副总经理
高级工程师

张恒刚 山东省医药工业设计院有限公司结构专家
高级工程师

吕保国 上海汉智工程设计与顾问有限公司山东分公司总经理
高级工程师

崔文亮 北京中科飞鸿科技有限公司技术（智控）总监
高级工程师

朱庆国 山东新华医疗器械股份有限公司副总经理
制药科技集团总经理
高级工程师

前　言

PREFACE

本书主要围绕制药工程设计的相关内容进行编写。在编写过程中，以提高工程实践能力为核心，强化工程概念，着重培养解决工程实际问题的能力。本书可供相关从业者在工作和学习中参考使用。

本书在编写过程中引用了一些传统材料或概念，主要是方便工程设计人员在技术改造项目中学习和使用。

山东省医药工业设计院有限公司许启超、王文鑫同志提供了部分插图，在此一并表示感谢。

限于编者水平，书中难免有不妥和疏漏之处，敬请各位同仁指正。

编　者

目 录

CONTENTS

第1章　工程与工程设计

在日常的工作和生活中，人们经常使用“项目”“设计”等词汇，但细究起来，可能很多人并不能准确地表述出来。下面我们就先对这几个概念进行一些简单的解释和说明。

1.1　项目与工程项目

目前关于项目的概念表述有很多，由于人们所处的角度和所从事的领域不同，在概念表述上也有一些不同。随着国内外专家学者对项目和项目管理理论研究的进行，有关项目的概念和特征也逐渐清晰起来。

以下是对项目及其特征的认识的几种有代表性的提法。

世界银行对项目界定：

① 一次性的投资方案或规划方案；

② 一个系统的有机整体；

③ 实现计划（规划、战略）的一种手段；

④ 一种规范化、系统化的管理方法；

⑤ 有明确的界定、明确的起点和终点；

⑥ 有明确的目标；

⑦ 成功并不需要一个普遍接受的规范定义；

⑧ 主观界定的一个管理对象，应服从主体的管理和控制目的。

从上面世界银行给出的定义可以看出，项目是指为达到一定的目标，有明确的时间和预算约束的复杂活动，它超越了传统的组织界限，换句话说，需要不同组织的众多方面相互协作才能实现。重复性的批量产品生产活动或日常简单活动不能称作“项目”。例如，用手在沙滩上挖个小坑，这是一个活动，不是一个项目；在沙滩上打一眼井，用于消防或饮用，那它就是一个项目。工厂批量生产的饮水口杯，是产品不是项目；建设生产饮水口杯的生产线，就是一个项目。因此，项目具有非常规性、非重复性、一次性的任务属性。

虽然这些对项目概念与特征的表述不同，但其本质是相同的。以上提到的项目是指广义上的项目，列出的是项目的基本特征。工程项目是项目中的一类，具有项目的一般特征。工程项目是指需要一定量的投资，经过决策和实施（设计、采购、施工等）的一系列程序，在一定的约束条件下，以形成固定资产为明确目标的一次性事业。工程项目除具有广义上的项目的一般特征外，还具有以下特征：

① 在一个总体设计或初步设计范围内，由一个或若干个互相有内在联系的单项工程组成，经济上实行统一核算，行政上实行统一管理的建设单位（项目）。

② 在一定的约束条件下，以形成固定资产为特定目标。具体包括：一是时间约束，即一个工程项目有合理的建设工期目标；二是资源约束，即一个工程项目有一定的投资总量目标；三是质量约束，即一个工程项目都有预期的生产能力、技术水平或使用效益目标。

③ 需要遵循必要的建设程序和经过特定的建设过程。即一个工程建设项目从提出建设的意向、建议到方案选择、评估、决策、勘察、设计、采购、施工，一直到竣工、试车、投入使用，均有一个合理有序的全过程。

④ 按照特定的任务，具有一次性特点的组织形式。表现为：投资一次性投入，建设地点一次性固定，设计单一，施工单件。

⑤ 具有投资限额标准。只有达到一定限额投资的才算作工程项目，未达限额标准的只能称为零星固定资产置业。

1.2 设计与工程设计

设计是把一种设想通过合理的规划和周密的计划以各种方式表达出来的过程。人类最基础、最主要的创造活动是造物，对造物活动进行预先规划和策划便是设计。设计包括产品设计、艺术设计等众多门类，工程设计是设计的一个重要领域。

工程设计是人们运用科技知识和方法，有目标地创造工程产品的构思和计划的过程，几乎涉及人类活动的全部领域。虽然工程设计的费用往往只占最终“产品”成本的一小部分（1% ~ 15%），然而它对“产品”的先进性和竞争能力却起着决定性的影响，并往往决定 70% ~ 80% 的制造成本和营销服务成本。所以说，工程设计是现代社会工业文明的最重要的支柱，是产业创新的核心环节，也是现代社会生产力的龙头。工程设计的水平和能力是衡量一个国家和地区工业创新能力和竞争能力的决定性因素之一。

工程设计也是指对工程项目的建设提供有技术依据的设计文件和图纸的整个活动过程，是建设项目生命期中的重要环节，是建设项目进行整体规划、体现具体实施意图的重要过程，是科学技术转化为生产力的纽带，是处理技术与经济关系的关键性环节，是确定与控制工程造价的重点阶段。工程设计是否经济合理，对工程建设项目造价的确定与控制具有十分重要的意义。

工程设计还是根据建设工程和法律法规的要求，对建设工程所需的技术、经济、资源、环境等条件进行综合分析、论证，编制建设工程设计文件，提供相关服务的活动。包括总图运输、工艺系统、设备、建筑、结构、动力、储运、自动控制、技术经济等工作。

1.3 工程设计阶段划分

在我国传统的基本建设程序中，工程项目的设计工作一般分为初步设计和施工图设计两个阶段。复杂程度较高的则在初步设计后面增加一个扩大初步设计或技术设计阶段，划分为三个阶段。随着一些有特殊或特定要求的项目进入国民经济领域，往往也会在初步设计之前增加一个专业性较强的方案设计阶段，使项目的建设更加科学、合理、有序地进行。这种传统的、基于计划经济体制的划分方法的不足之处是把设计、采购、施工相互独立，缺乏有机联系，不利于把采购纳入设计程序，不利于交叉衔接以缩短建设周期。我国传统的工程设计阶段的划分见表 1-1。

表 1–1　我国传统的工程设计阶段的划分（工业项目）

实施者	设计单位			
设计阶段	方案设计	初步设计	扩大初步设计	施工图设计
主导专业	工艺或主导专业	工艺或主导专业	工艺或主导专业	工艺或主导专业
主要文件	1. 设计说明 2. 总平面方案图 3. 装置或单体布置图 4. 综合平面示意图	1. 设计说明 2. 总图 3. 装置或单体布置图 4. 工艺设备流程图 5. 主要工艺设备表 6. 概算	1. 设计说明 2. 总图 3. 装置或单体布置图 4. 工艺流程设备图 5. 工艺设备表 6. 概算	1. 总图 2. 建筑图 3. 结构图 4. 给排水图 5. 采暖通风图 6. 电气图 7. 自控图 8. 工艺设备安装图 9. 工艺管道安装图 9. 外管网图 10. 预算
用途	主要用于专项审查	用于政府或业主审查	为施工图设计打基础	现场施工用

（1）方案设计

方案设计是设计的重要阶段，是一个极富有创造性的设计阶段，包括建设要求分析、系统功能分析、原理方案设计几个过程。该阶段主要是从分析需求出发，确定实现项目功能和性能所需要的总体对象，决定技术系统，实现项目从功能与性能到技术系统的映像，并对技术系统进行初步的评价和优化。设计人员根据设计任务书的要求，运用自己掌握的知识和经验，选择合理的技术系统，构思满足设计要求的原理解答方案。例如，制药厂前期有很多业主要求设计单位编写 GMP 设计方案就属于此类工作。

（2）初步设计

根据批复的项目建议书或可行性研究报告基本确定好设计方案，并根据上级批文或业主的要求，拟定建设规则，选定设计方案，拟定施工程序，计算工程数量以及主要设备、材料数量和规格型号，编制设计概算、文字说明、图表、图纸等。

（3）扩大初步设计

对技术比较复杂的项目，设计人员在初步设计的基础上作进一步的深化设计，为施工图设计提供比初步设计更详细的、更具体的基础设计工作。

（4）施工图设计

施工图是表示工程项目总体布局，建筑物、构筑物的外部形状、内部布局、结构构造、内外装修、材料作法，以及各种设备与管道的空间位置、安装方法、运行要求等施工要求的各种图纸文件。施工图是进行工程施工、编制施工预算和施工组织设计的依据，也是进行项目技术管理的重要技术文件。

相比国内传统的设计阶段划分，国际工程公司设计阶段的划分，则是把项目建设作为一个系统来处理，设计只是整个系统的组成部分。设计、采购、施工科学地组织交叉，动态地进行管理，使进度、费用、质量各方面均能达到最佳效果。需要明确的是，这种项目管理方法与此前被我国工程界诟病的边设计、边施工的项目管理方法是有本质区别的。

国际工程公司设计阶段划分的主要特点，一是保持动态和连续性，二是合理交叉，三是采购纳入设计程序，但是在具体划分上也有差别。国际上比较通行的是划分为工艺设计、基础工程设计、详细工程设计三个阶段。具体内容见表1-2。

第一，工艺设计。此阶段通常从项目中标、合同生效时即开始，与项目经理开始项目筹划的工作同时进行，并以工艺发表为其结束的标志。这个阶段的工作周期可视项目规模和复杂程度，允许其延伸至基础工程设计中分析设计阶段的初期结束。

作为工程设计的第一个工作阶段，工艺设计的主要内容是把专利商提供的工艺包或本公司开发的专利技术和专有技术，按合同项目的要求进行工程化，并转换成工程公司的设计文件，提交用户审查，并发表给有关专业，作为开展工程设计的依据。对于研究开发项目，工艺设计是把研究部门的小试或中试结果转化成完整的工艺设计文件，作为供有关专业开展工程设计的依据。工艺设计文件也是编制批准的控制估算（IAC）的依据和基础资料。

表 1–2 国际上通行的设计阶段的划分（精细化工项目）

实施者	专利商	工程咨询公司		
设计阶段	工艺包或基础设计	工艺设计	基础工程设计或分析与平面设计	详细工程设计或最终设计
主导专业	工艺	工艺	系统 / 管道	系统 / 管道
主要文件	1. 工艺流程图（PFD） 2. 工艺控制图（PCD） 3. 工艺说明书 4. 工艺设备清单 5. 设计数据 6. 概略布置图	1. 工艺流程图（PFD） 2. 工艺控制图（PCD） 3. 工艺说明书 4. 物料平衡表 5. 工艺设备表 6. 工艺数据表 7. 环境安全健康认证（ESH） 8. 概略布置图 9. 各专业条件 10. 验证总计划（VMP） 11. 项目执行计划 12. 投资估算 ±30%	1. 管道仪表流程图（P&ID） 2. 设备计算及分析草图 3. 设计规格说明书 4. 材料选择 5. 请购文件 6. 设备布置图（分区） 7. 管道平面设计图（分区） 8. 地下管网 9. 电器单线图 10. 验证总计划 / 安全风险评估（VMP/SRA） 11. 采购管理（长单） 12. 招标技术文件 13. 项目执行计划 14. 投资估算 ±15%	1. 详细配管图 2. 管段图（空视图） 3. 基础图 4. 结构图 5. 仪表设计图 6. 电气设计图 7. 设备制造图 8. 招标技术文件 9. 项目执行计划 10. 施工安装计划 11. 采购管理 12. 设计确认
用途	提供给工程咨询公司作为工程设计的依据，是技术保证的基础	把专利商的文件转换为工程咨询公司的文件，发表给有关专业开展工程设计，并提供用户审查	为开展详细设计提供全部资料，为设备、材料采购提出请购文件	提供施工所需的全部详细图纸和文件，作为施工依据及材料补充订货

第二，基础工程设计。基础工程设计是项目实施期间工程设计工作中的一个关键阶段。此阶段与工艺设计阶段紧密衔接，即从工艺发表、举行设计开工会议开始，直至供开展详细工程设计用的管道仪表流程图 1 版（P&ID I）、管道平面设计图（也称管道平面研究图）和装置布置图的发表为其结束的标志。

基础工程设计阶段分为分析设计和平面设计两个工作阶段。

分析设计是基础工程设计中的第一个工作阶段，要求为开展平面设计阶段工作提供设计条件。这个阶段的工作主要应用工艺发表和设计开工会议提供的设计条件和数据，开发和编制管道仪表流程图（P&ID）、工艺控制图（PCD）和装置布置图，编写设计规格说明书和设备请购单，开展设备订货及大口径合金钢管道早期订货等工作。此阶段提出的主要设计文件（如 P&ID 图、装置布置图和设备请购单等）需送业主审查认可。此阶段以管道仪表流程图 1A 版（P&ID IA）的发表为其结束的标志，此后进入平面设计阶段。

平面设计是基础工程设计中的第二个工作阶段，要求为开展详细工程设计提供设计依据。这个阶段的主要工作内容有：进行管道研究，开展管道应力分析和编制管道平面设计图（也称管道平面研究图）；审查确认设备供货厂商图（ACF 和 CF 图）；进行散装材料初步统计和首批材料订货；完成供详细工程设计用的管道仪表流程图 1 版（P&ID I）和装置布置图；各专业相应完成布置图等工作。此阶段以管道平面设计图的发表为其结束的标志。

在熟悉和掌握工艺设计文件的基础上，完成工程项目的分析设计和平面设计阶段工作，为详细工程设计提供全部资料，同时为设备和主要材料的采购提出请购文件，并作为编制首次核定估算（FCE）的依据。

第三，详细工程设计。此阶段即施工现场用图设计阶段。要全面完成工程设计并提供全套施工现场图纸，进行散装材料最终统计，完成材料订货任务，并审查确认设备供货厂商图（ACF 和 CF 图）等工作。完成详细工程设计阶段的任务，即标志整个工程设计阶段基本结束。

此阶段为最终材料采购、施工和试车提供详细图纸和文件，并作为编制二次核定估算（PCE）的依据。

在此想强调一下的是，国内很多人在有关文件中将国际上的基础工程设计与国内传统的初步设计或方案设计等同起来，将国际上的详细工程设计与国内传统的施工图设计等同起来，这是很不准确的，它们具有各自的准确定义，设计公司或工程公司在实际工作中对项目的管理和设计运作方法在它们的各自阶段也是有明显区分的，因此不能将它们视为等同或是一致的概念。

1.4 工程设计内容要求

一项专业设计工程，除主导专业工艺设计之外，通常还包括供电、供热、给排水、建筑结构、采暖通风、仪表与自动控制等内容（一般统称为非工艺设计），这些地方都必须统筹兼顾、全面考虑。

目前我国对工业项目的初步设计的内容大多按行业进行管理，由行业协会或各部委发布编制规定，在这里仅列出常规精细化工项目初步设计目录，供大家参考使用。

① 总说明；

② 总图运输；

③ 工艺；

④ 工艺布置与配管；

⑤ 仪表及自动控制；

⑥ 设备；

⑦ 建筑；

⑧ 结构；

⑨ 采暖、通风及空调；

⑩ 给排水；

⑪ 电气；

⑫ 电信；

⑬ 动力（供热、空压、制冷、真空等）；

⑭ 综合仓库；

⑮ 化学品库与罐区；

⑯ 生产辅助设施（维修车间等）；

⑰ 质检中心及动物房；

⑱ 消防设计；

⑲ 环境保护设计；

⑳ 劳动安全卫生；

㉑ 节能设计；

㉒ 行政生活设施；

㉓ 概算。

对于化学制药厂来讲，多数属于小型精细化工项目，因此可做适当简化。

另外，国际工程公司使用比较多的是概念设计（CD）、基础设计（BD），大致等同于上面我们提到的工艺设计即工艺包设计或基础设计，而详细设计（DD）则通常由当地或本国工程公司或设计公司单独按行业施工用图标准来完成。概念设计和基础设计文件的编制深度，各公司根据项目的要求会有所不同。在此再强调一下，文件的编制要同时满足国家规范和业主的使用要求以及工程公司内部关于文件的编制要求。

1.5 GMP 与制药工程

1.5.1 GMP 概念

GMP 是指导药品生产和质量管理的法规，是英文 Good Manufacturing Practice 的缩写，中文的意思是“良好作业规范”或“优良制造标准”，是一种特别注重在生产过程中对产品质量与卫生安全实施自主性管理的制度。它是一套适用于制药、食品等大健康领域的强制性标准，要求制造商从原料、人员、设施设备、生产过程、包装运输、质量控制等方面按国家有关法规所应达到卫生质量要求，形成一套可操作的作业规范，帮助制造商改善企业卫生环境，及时发现生产过程中存在的问题，并加以持续改进。

GMP 也是药品生产和质量管理的基本准则，适用于药品制剂生产的全过程和原料药生产中影响成品质量的关键工序。大力推行药品 GMP，是为了最大限度地避免药品生产过程中的污染和交叉污染，降低各种差错的发生，是提高药品质量的重要措施。

世界卫生组织在 20 世纪 60 年代中开始组织制定药品 GMP，中国则是从 20 世纪 80 年代开始推行。1988 年，中国医药工业公司首次在行业内颁布了中国的药品 GMP，并于 1992 年和 1998 年两次修订，至 2004 年 6 月 30 日，实现了原料药和制剂在符合药品 GMP 的条件下生产的目标。

世界卫生组织则是在 1975 年 11 月正式公布 GMP 标准的。国际上药品的概念包括兽药、化学药品等，大多是集中统一进行管理的。只有中国和澳大利亚等少数几个国家是将人用药 GMP 和兽药 GMP 分开管理的。

《药品生产质量管理规范（2010 年修订）》（以下简称 2010 版药品 GMP）通过吸收国际先进经验，结合我国国情，按照“软件硬件并重”的原则，贯彻质量风险管理和药品生产全过程管理的理念，更加注重科学性，强调指导性和可操作性，基本实现了与世界卫生组织药品 GMP 的一致性。

2010 版药品 GMP 中，洁净区的洁净度分为 A、B、C、D 四个等级。四个等级的尘埃粒子最大允许浓度和微生物最大允许浓度均不同，都有法定的明确标准。A 级区通常为高风险操作区，如无菌灌装区、敞口胶塞桶、敞口安瓿瓶、敞口西林瓶的区域及无菌装配或连接操作的区域。B 级区指无菌操作或灌装等高风险操作 A 级区所处的背景区域。C 级和 D 级区则是指无菌药品生产中重要程度较低的洁净操作区。

1.5.2 污染控制方向

鉴于药品治病救人的特殊作用，在生产环境中除对非生命污染物——微粒要加以限制外，我们还必须对有生命的污染物——微生物做出必要的规定，它们对药品的污染要比微粒更甚，不加以控制则对人体危害会更严重。常见的病毒及细菌本身尺寸范围见表 1–3。

表 1–3 常见的病毒及细菌本身尺寸范围

病毒		细菌	
种类	尺寸范围 /nm	种类	尺寸范围 /μm
脊髓灰质炎	8 ~ 30	炭疽杆菌	0.5 ~ 0. 6
肝炎	20 ~ 40	金黄色葡萄球菌	0.3 ~ 1.2
乙型脑炎	15 ~ 30	化脓杆菌	0.7 ~ 1.3
腮腺炎	90 ~ 190	伤寒杆菌	1 ~ 3
麻疹	120 ~ 180	大肠菌	1 ~ 5
狂犬病	125	乳酸菌	1 ~ 7
SARS	120 ~ 180	破伤风菌	2 ~ 4
新冠	60 ~ 140	肺炎杆菌	1.1 ~ 7

药品生产厂房污染控制大致分为两个阶段。

一是污染源进入前控制。对一切可能携带微粒和微生物的污染源，如空气、水质、物料、设备、器具、人员等在他（它）们进入医药洁净厂房前按规定进行净化、消毒或灭菌，使他（它）们处于受控状态。

二是污染源进入后控制。在生产过程和非生产过程中，自始至终对进入洁净室（区）内各污染源的传播过程实施全过程、全要素的动态控制。

GMP 所指的药品生产环境应涵盖可能影响药品质量的所有情况，或一切可能产生污染物质的场合。它既包括洁净区的空间，也包括诸如设备、管道、阀件、器具中与药品接触的空间、缝隙和表面。

洁净工程技术中，药品生产厂房空气净化系统是重要的污染控制措施，其主要用途是防止药品（包括中间体）和洁净区受到微生物污染，防止药品制造过程中的病毒、致病菌和芽孢菌的扩散和污染，防止诸如青霉素或其他高活性药品的扩散和污染，防止固体粉尘的扩散污染，等等。具体内容见表 1–4。

表 1-4　中国 GMP（2010）要求严格分开的生产场所

条款		要点	备注
GMP 正文	第四十六条	生产特殊性质的药品，如高致敏性（如青霉素类）或生物制品（如卡介苗或其他用活性微生物制备的）	专用和独立的厂房
		生产 β－内酰胺结构类药品、性激素类避孕药品	专用设施和设备
		生产某些激素类、细胞毒性类、高活性化学药品	专用设施和设备，制剂可阶段性生产
	第六十三条	质量控制实验室	与生产区分开
		生物检定、微生物和放射性同位素的实验室	彼此分开
	第六十七条	实验动物房	与其他区域严格分开
附录 3 生物制品	第十七条	卡介苗、结核菌素生产	专用厂房，与其他严格分开
	第十八条	致病性芽胞菌操作直至灭活过程完成前，炭疽杆菌、肉毒梭状芽胞杆菌和破伤风梭状芽胞杆菌制品的生产	专用设施
	第十九条	其他种类芽孢菌产品	阶段性生产
	第二十一条	操作有致病作用的微生物	专门区域，保持负压
		无菌工艺处理病原体的	负压区，周围正压
	第二十二条	有菌（毒）操作区	独立的空气净化系统，不能循环使用
	第二十三条	加工处理活生物体的生产	清洁和去污染
附录 4 血液制品	第十一条	血液制品的生产厂房	独立建筑物
	第十三条	原料血浆检验实验室	独立设置
	第十五条	血浆融浆区域、组分分离区域以及病毒灭活后生产区	彼此分开，各区独立的空气净化系统

对药品生产环境的污染控制，我们不能局限于环境本身，而要把控制范围扩大到影响环境的各种因素和全过程上。只有把污染控制技术由单一控制向系统全面的方向发展，才能保证和创造合规的药品生产环境。具体内容见表 1-5。

表 1–5　中国 GMP（2010）要求严格防止交叉污染的情况

GMP 条款	要点
第三十八条	厂房的选址、设计、布局、建造、改造和维护必须符合药品生产要求
第四十六条	厂房、生产设施和设备应当根据所生产要求合理设计、布局和使用
第四十七条	生产区和贮存区应当有足够的空间，确保有序地存放
第五十三条	产尘操作间应当保持相对负压或采取专门的措施
第五十四条	用于药品包装的厂房或区域应当合理设计和布局
第六十二条	通常应当有单独的物料取样区
第六十四条	实验室的设计应当确保其适用于预定的用途
第七十一条	设备必须符合预定用途，便于操作、清洁、维护，以及必要时进行的消毒或灭菌
第一百八十八条	不得在同一生产操作间同时进行不同品种和规格药品的生产操作
第一百九十七条	生产过程中应当尽可能采取措施，防止污染和交叉污染，如： （一）在分隔的区域内生产不同品种的药品； （二）采用阶段性生产方式； （三）设置必要的气锁间和排风；空气洁净度级别不同的区域应当有压差控制； （四）应当降低未经处理或未经充分处理的空气再次进入生产区导致污染的风险； （五）在易产生交叉污染的生产区内，操作人员应当穿戴该区域专用的防护服； （六）采用经过验证或已知有效的清洁和去污染操作规程进行设备清洁； （七）采用密闭系统生产； （八）干燥设备的进风应当有空气过滤器，排风应当有防止空气倒流装置； （九）生产和清洁过程中应当避免使用易碎、易脱屑、易发霉器具； （十）液体制剂的配制、过滤、灌封、灭菌等工序应当在规定时间内完成； （十一）半固体制剂以及栓剂的中间产品应当规定贮存期和贮存条件
第二百零六条	有数条包装线同时进行包装时，应当采取隔离或其他有效防止污染、交叉污染或混淆的措施

1.5.3 洁净工程技术措施

为了消除混杂、污染和交叉污染，或将这种可能性降至最低，药品生产须要有整洁的生产环境及与所生产医药产品相适应的厂房设施，这包括规范标准化厂房以及相配套的工艺用水、洁净空气、工艺气体、照明等净化工程处理系统与卫生设施、安全设施等。

为了防止来自各种渠道的污染，药品生产采取了多方面的污染控制措施，包括洁净工程技术或污染控制技术，并初步形成了综合性的洁净工程技术体系作为洁净室或洁净空间的主要组成部分。

药品生产的空气净化系统是极为重要的洁净工程系统，它与洁净室的建筑、生产工艺等专业的设计有着极为密切的相互依存关系。药品生产厂房的空气净化系统提供的空气质量将直接影响在该环境中生产药品的微粒和微生物污染的水平，进而直接影响药品生产的质量。空气净化系统是一个动态系统，需要关注系统的运行状态。空气净化控制系统通常有两种技术措施：一是正压控制，防止外界空气对洁净室环境的影响；二是负压控制，防止生产过程中产生的微粒污染扩散。空调设计、安装和运行应满足不同的目的，所以系统需要严格测试、控制和验证。主要有以下几点：

①空气的流向应从关键区域或更清洁的区域到环绕区域或低级别的区域。

②为保证洁净区域空气的洁净度和空气流向，空气的进风和排风需保持平衡并保证空气的换气次数、气流模型、压差的实际运行。

③操作区域的每个功能间应对以下指标进行控制：送风口的位置和数量、排风口的位置和数量、换气次数、排风比例、产品裸露区域的气流模型、产品裸露点的空气速度等。

④洁净度测定应包括悬浮粒子和微生物的测定。

为防止和降低外源性污染，在条件允许的情况下，制药厂的选址应尽量选在环境较清洁和绿化较好的地区，并尽量远离铁路、公路、机场，与交通干道之间的距离不宜小于 50 m。尽量不要选在多风沙的地区和有严重灰尘、烟气、腐蚀性气体污染的工业区。若条件不允许，必须位于工业污染或其他人为灰尘较严重的地区时，要将生产厂址定位其全年最小频率风向的下风侧。

洁净工程技术除以上几点外，还有工艺用水提纯技术、工艺用气纯化技术等，都是洁净工程技术的重要内容，在本书的有关章节我们将做详细的论述和介绍。

以上我们对化学制药工程设计的有关概念进行了阐述，以期为后续章节的论述打下一些理论基础，帮助读者快速有效地提高职业水平。本章的最后想再强调一下的是，在化学制药工业项目的设计中，工艺通常作为主导专业出现，主导专业的设计水平将会对项目整体设计和关键部分的设计起重要作用，因此，一个项目设计的成败与好坏，主导专业是十分关键的。

经过对多年工程设计实践体会的总结，我们对化学制药工业项目设计工作所涉及的知识体系进行了梳理，相比其他制药工程设计类书籍，本书删减了一些基础训练比如工程制图等方面的内容，而对项目工程设计中的一些主要和关键性的知识点进行了重点讲解，主要突出了主导专业设计的关键问题和紧密联系的部分（包括总图、建筑设计、HVAC 工程和安全自控等），希望借此帮助制药工程设计人员能更好地完善自己的知识体系和加深自己的专业功底，对其他配套专业的设计知识，则大多一略而过，设计人员在进行具体项目设计时，可以查阅有关的书籍和资料开展工作。

第2章　工艺路线的选择

2.1　化学合成原料药的基本特点与要求

原料药是指用于生产各类制剂的原料药物，是制剂中的有效成分（API）。这在ICH Q7A中也有完整定义：旨在用于药品制造中的任何一种物质或物质的混合物，而且在用于制药时，成为药品的一种活性成分。此种物质在疾病的诊断、治疗、症状缓解、处理或疾病的预防中有药理活性或其他直接作用，或者能影响机体的功能或结构。不仅原料药的产品质量要符合注册质量标准，而且其生产过程也要符合GMP。GMP是药品生产和质量管理的基本准则，适用于药品制剂生产的全过程和原料药生产中影响成品质量的关键工序。在制药行业大力推行GMP，是为了最大限度地避免药品生产过程中的污染和交叉污染，减少各种差错的发生，是提高药品质量的重要措施。

化学合成原料药的生产的一个特点是采用很多化学反应，一步一步地将化工原料加工成医药中间体，最后制成产品。这一过程需要用到一些特殊的原料或中间体（如无水的醇类，不含噻吩的苯，一定沸程的石油醚等），这就涉及原料的来源与采购问题，需要对生产中的原料、中间体及产品的性质、规格和要求作出规定。

美国食品药品监督管理局（FDA）于1987年全球首次发布了起始物（starting material）的指导原则文件，欧洲药品管理局（EMA）随后也发布了相关文件，国际人用药品注册技术要求协调会（ICH）则是于2012年采用Q11予以发布。我国对此也十分重视，国家食品药品监督管理局（SFDA）于2005年进行了第一次发布。

作为原料药生产商来讲，在原料药制备工艺中，反应链条越短越简单越好，最好直接由原料精制而成，这样既能大幅度地降低制造成本，还能大幅度地降低运营风险。而监管方则是希望反应链条应相对长一些，起始物尽可能简单，质量特性尽可能明确，以降低产品的质量风险。

为什么要对原料药的起始反应物进行控制？主要基于以下四个方面的考虑：

①起始物杂质的影响；

②起始物的质量属性对后续反应的影响；

③注册申报工艺的阐述是从起始物开始的；

④是变更控制的重要节点。

基于以上这些观点，FDA 对起始物提出了如下要求：

①起始物料是原料药结构的重要组成部分；

②起始物料可以从商业渠道获得；

③起始物料的物化性质明确可查，杂质及产物不超过 0.1%；

④起始物料与产品之间有多个合成步骤，中间体没纯化分离的不算一步；

⑤起始物料结构不能过于复杂，应能简单知道其异构体与类似物。

需要明确的是最后中间体这一概念。FDA 是把合成路线中最靠近原料药的中间体叫作最后中间体。从最后中间体生成原料药必须涉及共价键的生成与断裂，不能是酯化、皂化、成盐、拆分等简单反应。FDA 还规定原料药生产商如要缩短合成路线的话，那要求起始物料不能是最后中间体。

另外需要指出的是，不能直接采用粗品精制工艺的却采用粗品精制工艺，以及采用游离酸 / 碱，经一步成盐精制而成的（原料药为无机化合物及起始物料为已批准上市原料药的情况除外），例如中药提取原料等，是不被监管系统认可的，要给予足够的重视。

2.2 清洁生产的工艺要求

绿色工艺、清洁生产、综合治理是制药工业实现可持续发展的三大关键领域，也是现代制药工业在工艺路线选择上的一个重要原则。绿色工艺是指没有或有很低水平的环境副作用的生产过程，是制药生产工艺的最高追求；传统的制药工业是末端控制污染的运行模式，在为社会提供药品的同时也让社会付出了巨大的环境代价；清洁生产是目前在没有获得产品的绿色工艺的情况下，实现环境友好生产的现实选择，是实施可持续发展的重要手段。

清洁生产从本质上来说，就是对生产过程与产品采取整体预防的环境策略，减少或者消除它们对人类及环境的可能危害，同时充分满足人类需要，使社会经济效益最大化的一种生产模式。具体措施包括不断改进工艺路线设计，使用清洁的能源和原料，采用先进的工艺技术与设备，改善管理和综合利用，从源头削减污染，提高资源利用效率，减少或者避免生产、服务和产品使用过程中污染物的产生和排放。

清洁生产能够提高原料的利用率以及中间产物和副产品的综合回收率，改革工艺则能使污染在生产过程中得到减少或消除。由于某些制药生产工艺的特殊性，其废水中含有大量可回收利用的物质，对这类制药废水的治理，应首先加强物料回收和综合利用。现实中，很多企业做了各种各样的回收处理，但污水中还会残留一定数量的有害物质，因此制药工业污水处理是化学工业的一个重大问题，而先进高效的制药废水综合治理技术是彻底解决污水问题的关键。

制药工业废水的处理方法包括物化处理、化学处理、生化处理以及多种方法的组合处理等，各种处理方法具有各自的优势及不足。由于制药行业原料及工艺的多样性，排放的废水水质千差万别，因此并没有成熟统一的治理方法，具体选择哪种工艺路线，取决于废水的性质。

实现废物减量化，采用“无废工艺”，加强污染预防等措施实现清洁生产，减少对人类和环境的风险，将成为今后制药工业特别是化学制药生产的主导方向。

2.3 工艺路线选择的安全因素

除对工艺路线进行清洁生产评价外，还需要着重考察的是工艺路线的安全因素。制药生产系统从安全的角度可分为两类：一类是本质安全的，一类是非本质安全的。所谓本质安全，是指一般水平的操作者，即使发生人为的不安全行为，人身、设备和系统仍能保证安全；反之即为非本质安全。化学原料药生产系统属于精细化工范畴，所以基本都是非本质安全的，但是工程设计人员仍然可以将“安全”设计进去，使之本质安全化。为确保生产系统安全可靠，工艺设计人员必须在合成路线研究和工艺过程设计中，全面了解生产过程中涉及的易燃、易爆、有毒、有害和腐蚀性物质的性质、数量、产生条件及危害程度，分析可能造成的后果，熟练掌握有关设计规范和规定，必要时去现场和生产企业实地调研，并在设计过程中采取积极的预防和保护措施，消除或减少不安全因素，确保生产的安全。

另外，化学制药生产过程的一些基本的安全要求需要在考虑工艺路线时给予注意。工艺的安全性主要包括在设计条件下能够安全运转，偏离设计条件时也能安全处理并能恢复到原来的条件，同时确立安全的启动或停车办法。因此，必须评价工艺所具有的各种潜在的危险性（如原料、化学反应、操作条件的不同，偏离正常运转的变化，工艺设备本身的危险性等），研究排除这些危险性，或用其他适当办法对这些危险性加以限制。

安全生产在当今社会经济技术决策活动中处于核心地位，生产工艺路线的安全性是其选择和评价的最重要标准和依据，必须给予足够的重视。

2.4 合成路线的选择

一个化学合成原料药往往可通过各种不同的合成途径制备。通常具有工业生产价值的合成途径被称为具有产业化价值的工艺路线。在化学合成药物的工艺研究中，首先是工艺路线的设计和选择，以确定一条既经济又可行的工艺路线。因此，我们在着手设计一个项目时，通常可以从下列几方面来加以论证：

①主要原材料供应的可能性；

②生产过程中是否有特殊反应（高温、高压、高真空、深度冷冻等）；

③生产过程中是否使用大量易燃易爆溶剂等（如要求使用剧毒的或要求过高的试剂）；

④是否会产生特别难处理的"三废"（废水、废气、废渣）；

⑤经济上的评价（原料单耗、总收率等）。

合成路线确定之后，那么就要考虑采用连续生产还是间歇生产。通常连续生产具有很多优越性：操作便捷而且产品的质量相对稳定；每单位（如吨）产品所耗用的设备较少；易实现机械化和自动化。这对生产一些步骤简单、产量大的中间体的项目通常较为合适。

尽管连续生产有以上这些优点，但由于有的原料药产品生产量小、耗用的试剂和溶剂种类多，有的比较贵重或是受控产品，有的是新品种不断取代旧品种，而间歇生产具有灵活性的特点，必要时车间还可用来生产其他产品，因此制药工业中还大量使用间歇生产。

无论是间歇生产还是连续生产，一般都经过中间放大试验阶段，从中取得设计所需的数据，这是因为大型生产中的操作变量不一定与小型试验相一致。例如乙酸和氨的气相脱水制乙腈的生产工艺：

$$CH_3COOH + NH_3 \rightarrow CH_3CN + 2H_2O$$

从表 2-1 中可以看出，当其放大 30 倍时，操作变量发生了明显的变化。为求得同样或相近的反应结果，产业化装置的操作条件要严格得多。但对某些简单的反应（如水解、酯化反应），即使放大百倍，其效果仍然很好，且收率通常会高于小型试验的数据。

另外，对于同一反应来说，由于放大后有利于设备的改进和新技术的应用，因此往往也可以变更操作条件，如芳胺的重氮化：

$$ArNH_2 + NaNO_2 + 2HX \rightarrow ArN_2 + 2H_2O + NaX$$

一般在小型的间歇操作下，温度在 0 ~ 5℃；在大生产规模下，有可能采用管道和薄膜反应器，使物料在管道中的停留时间大大缩短，从而使重氮化反应的温度可提高到 50 ~ 60℃进行，而不会破坏重氮物。

表 2–1 脱水制腈操作条件对照

操作条件		小型装置	大型装置
操作压强	介质	1 kg/cm^2	1 kg/cm^2
流速	氮（气体）	160 $kg/(h \cdot m^2)$	250 $kg/(h \cdot m^2)$
	CH_3COOH（液体）	0.18 $kg/(h \cdot m^2)$	0.33 $kg/(h \cdot m^2)$
入口温度		230℃	300℃
入口组成	氨（摩尔浓度）	73 %	66 %
出口温度		500℃	500℃
出口组成	乙腈（摩尔浓度）	18%	18%
	水（摩尔浓度）	43%	43%
	氨（摩尔浓度）	35%	35%
	其他	4%	4%
操作时间		5 h	50 h
反应收率		80%	80%

一个完整的生产工艺，除利用一定数量的有机反应单元外，还必须使用各种各样其他的化工单元操作，如物料输送、分离、吸收、蒸馏、干燥等。另外，在设计中，我们应尽量选用一些切实可行的、先进的、高效的设备，在施工现场和生产现场去收集一些与设计有关的数据和资料，通过与现场相结合的方式来确定设备应用的可能性。

对不同工艺技术从来源、产品质量、主要技术参数、原料路线合理性、消耗、投资及成本等方面进行对比，评价其技术的先进性、可靠性、适用性、安全性、商业化程度及经济合理性，可以列表说明，见表 2–2。

总之，要在综合比选的基础上提出推荐的工艺技术路线。

表 2-2　工艺技术方案比较

比较项目		方案 1	方案 2	方案…	评价或说明
原料要求					
产品规格					
原料单耗（t/t 产品）					
公用工程消耗（t/t 产品）	饮用水				
	纯化水（PW）				
	注射用水（WFI）				
	纯蒸汽（PS）				
	工业蒸汽				
	电 /（kW·h）				
	压缩空气 /nm^3				
	氮气 /nm^3				
	冷却水				
	工业燃料				
“三废”排放（t/t 产品）	废水				
	废气				
	废渣				
可靠性	开工率				
	工艺操作弹性				
	单台设备最大能力				
	维修要求				
适用性	对厂址要求				
	对运输要求				
	对原材料要求				
	GXP 的合规性要求				

（续表）

比较项目		方案 1	方案 2	方案…	评价或说明
商业化程度	已投产的装置数				
	正在建设中的装置数				
	最大商业化规模及操作年限				
	研制中心商业化规模				
经济合理性	总投资				
	净现值（NPV）				
占地					

第3章　工艺流程设计与计算

3.1　工艺流程

通过对工艺路线的论证分析，确定一种绿色、安全、经济可行的产业化路线，这种路线由物理过程、化学过程以及控制过程等组成，各种物料沿着确定的路线进行的物流传输和转移的有序集，我们称其为工艺流程。

3.1.1　工艺流程设计程序

工艺流程设计是进行项目工程设计的关键性工作，除少数产业化技术成熟的，可以进行“1+1”放大项目外，大都要经过由浅入深、由定性到定量、反复推敲和不断完善的过程，特别是化学原料药项目更是如此。一般情况下，工艺流程设计按以下程序进行。

（1）工艺路线的选择

对一种产品进行工艺技术开发时，通常会形成若干种不同的工艺路线，我们应从产业化实施的角度进行比选，包括是否有较强的技术依托、主要原材料的供应水平、主要关键设备采购许可和供货能力等，以此确定拟采用的工艺路线。

（2）绘制工艺流程框图

根据选择的工艺路线绘制工艺流程框图。

（3）物料衡算

我们通常会假设一个范围作为一个体系进行核算，这个体系可以是整个项目（全厂范围），也可以是一个或几个单体（车间），或者是一个或几个工序（设备）等。物料衡算通常会从整个项目（全厂）开始计算，然后进行单体（车间）的计算，最后再进行工序或设备的物料衡算，并根据计算结果对单体或整个项目的物料衡算结果进行再平衡，再调整。

（4）能量衡算

能量衡算通常是首先计算单台设备或单个工序的数据，然后进行车间或单体的计算，最后汇总全厂的能量耗费数据，并进行平衡和修正。计算顺序刚好与物料衡算的计算顺序相反。

（5）工艺设备流程图

根据工艺流程框图、物料衡算和能量衡算结果，完成所涉及工艺设备和公用工程设备的选型后，绘制工艺设备流程图，并以此文件为基础提资给自控专业用于绘制工艺控制图（PCD）。

（6）管道仪表流程图（P&ID）

根据工艺设备流程图和工艺控制图的要求绘制出管道仪表流程图。

工艺流程的设计是一个循序渐进、不断完善的过程，设计过程中也可以根据项目业主的设计输入内容和提资水平进行调整和充实，比如增加专业设计专篇内容、增加技术设计内容等，当然也可以根据项目情况减少一些设计内容或步骤。

3.1.2 设计任务组成

工艺流程的设计是按照确定的工艺路线进行的，它主要包括如下内容：

①工艺过程的内容和组合方式；

②载能介质的技术规格和流向；

③工艺操作条件和工艺控制方法；

④从本质安全的角度出发，确定安全技术措施；

⑤污染治理与清洁生产要求；

⑥项目的技术经济条件。

3.1.3 工艺流程框图

工艺流程框图是最简单的也是最基础的工艺流程图，通常用方块、圆圈、菱形等图框以及箭头来表示过程和物料之间的逻辑关系。箭头用来表示物料流向。凡是流向图框的物料流，箭头指向图框；流出图框的物料流，箭头背向图框。工艺流程框图主要用于项目前期方案构思和初步的物料衡算。图 3-1 是生产对乙酰氨基苯磺酰氯的工艺流程框图，供参考。

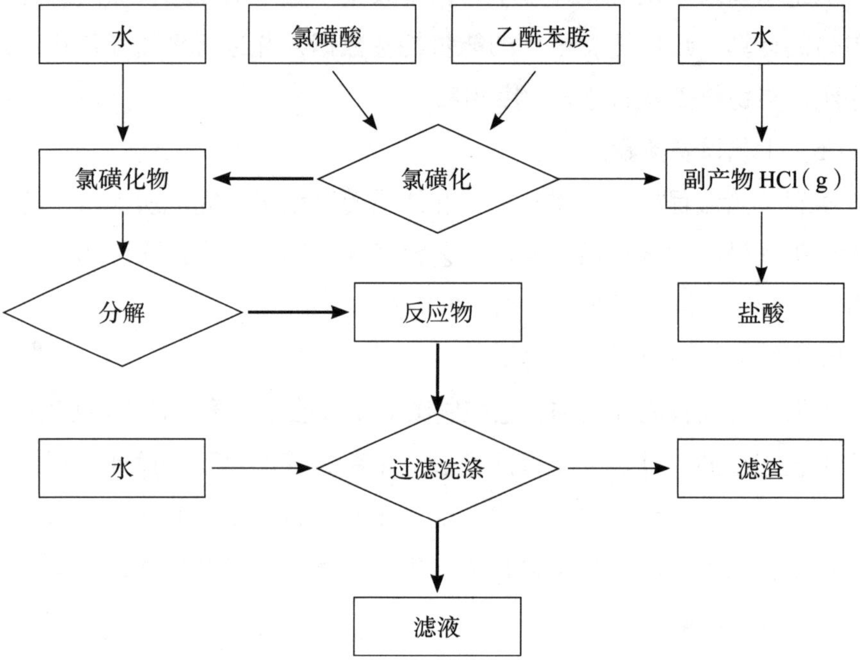

图 3-1　对乙酰氨基苯磺酰氯工艺流程框图

3.1.4　工艺设备流程图

上面我们提到工艺流程是由有序集组成的，是指各种物料集通过一系列设备按一定的逻辑关系，最后变成所需要产品的过程。以工艺设备单元为主表达这个逻辑过程的就是工艺设备流程图。

3.1.4.1　目的与作用

工艺专业的设备流程图是以工艺流程框图为依据，在物料衡算的基础上，进行设备的初步选型后完成的重要设计文件，同时它还将是管道仪表流程图设计的基础，也是确定单台（套）设备型式和材料的重要依据，对项目单体布置设计和区域总体布置设计起着决定性的作用。工艺设备流程图除对工艺专业的设计有重要作用外，还是工艺专业向其他专业提资的基础文件，比如向自控仪表专业提资并以此为基础供其完成工艺控制图的设计。

工艺设备流程图设计的要求是技术上先进可靠，经济上合理可行。

3.1.4.2 工艺设备流程图的设计

工艺设备流程图通常从工程项目的物理模型出发并由模型的层级表中的前四级关联集合或单元组成，详见表 3–1，其中第四层级是指完整批次的制造生产过程。在工业工程项目设计中，工艺是主导专业，工艺流程设计要从操作单元入手，通过分析评估、研判，确定它的功能和关键程序参数，一般我们会从五个方面参数入手来进行流程的分析与建立，分别是进料、出料、温度控制、压力控制和搅拌。

表 3–1 工业项目物理模型层级

层级	层级名称	说明
1	企业公司	多个工厂组成
2	单个工厂（生产基地）	单一独立的制造场所
3	产线区（车间）	一个或几个生产线组成的装置或区域
4	产品生产线	能完成完整批次的生产线，例如二甲双胍产品线等
5	生产操作单元	由控制器和功能模块组成，例如发酵、纯化、配液、蒸发、干燥等单元
6	功能模块	由有功能意义的仪表和执行器组成，用于执行有限的工艺活动的组合，例如投料装置、出料器、温度控制等
7	执行器件	控制器件单元，例如仪器、仪表、阀门、搅拌桨等

单元流程分析结束后即可以开始组合生成产品工艺流程线，这样一种产品的生产工艺流程图也就出来了，然后通过讨论、优化形成不同版次的工艺设备流程文件。如图 3–2 所示。

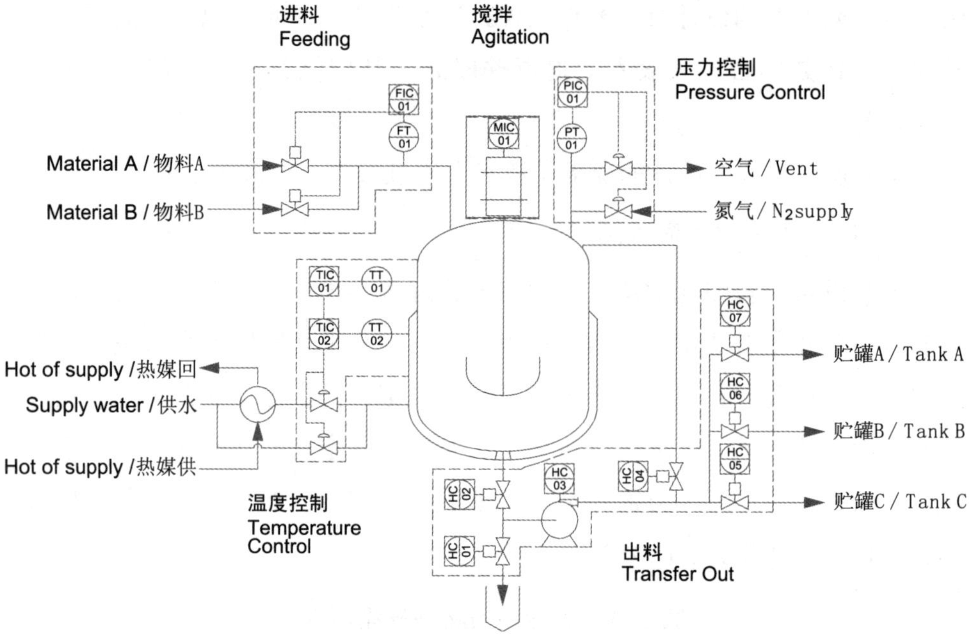

图 3–2　常见操作单元功能组成

由于比方块工艺流程图更为完善地表达出了各种设备的使用情况，以及设备（包括各种计量、控制仪器在内）之间的相互关系，因此通过工艺设备流程图我们可以读出产品工艺使用设备和技术的情况。

工艺设备流程图是最初拟定的物料流程、技术流程的最终方案，但它同时又是为完成以后的一系列的工程项目设计的基本依据，有承上启下的作用。由于这样的要求，在工艺设备流程图中应该反映出所有的设备来，作图时一般按相对比例画出设备的外形以及各个管口等，而不是按照绝对比例进行绘制，因此工艺设备流程图是在工艺计算后确定了设备的大小和型式后完成的。在工艺设备流程图中还须表示出各设备的相对位置（特别是竖向高低位置），只有这样才能正确地决定物料或流体由一个设备向另一设备的输送转移方式和它们之间的逻辑关系。另外，在大多数情况下，由于设备布置的特殊要求，反过来还得对工艺设备流程图进行数次修改，并不断优化，这个主要是在工艺专业内部自行完成的。

在生产过程中，除主要物料流外，还有辅助物料和公用工程，因此工艺设备流程图还得辅以其他相应的管线（水、工业蒸汽、真空、压缩空气、循环冷却水等），这些管线亦须在图上表示出来。

工艺设备流程图上的所有管线要用箭头表示流体流向，并在管线的相应位置表示出有关的（当然不是所有的）阀门、计量控制仪表（流量计、压力表、真空表等），还要表示设备及管道的有关组件（如阻火器、疏水器等）等。

3.1.5 工艺流程的设计优化

工艺设备流程设计中，由业主提资的工艺规程和岗位操作法所规定的基本工艺操作条件或参数，如反应温度、操作压力、物料加料方式和速度、pH 曲线等，一般是不能随意改变的，特别是在制药工业修改这些参数是需要验证和确认的。为实现规定的工艺条件或参数，通常采用以单元或工序操作为中心的设计方案或技术措施，来优化和完善工艺流程设计，主要有以下几个方面。

① 以单元的主要设备为对象，确定和优化进出料的方案；

② 以单元的工艺过程的温度和热效应，确定热（冷）源以及载热（冷）介质的技术规格，优化能源供应配套方案；

③ 以单元的工艺过程参数及控制要求，确定和优化工艺自动控制方案；

④ 以单元的工艺过程的燃烧、爆炸、毒害情况，确定安全技术措施；

⑤ 以单元的工艺过程的污染情况，确定污染治理和清洁生产方案。

3.2 物料衡算

物料衡算的任务是找出该生产能力所需要的各种原料及中间体的消耗定额，并确定生产废料和废气量。物料衡算意味着设计工作由定性阶段转向定量阶段。物料衡算一般分为总物料衡算、装置（车间）物料衡算和设备的物料衡算三个层次。

3.2.1　总物料衡算

应详细计算全厂各装置主要物料平衡、燃料平衡和必要的热平衡，尤其对大型联合装置要说明各装置间的物料互供关系，要以总物料衡算表或方块物料平衡图表示。物料平衡图要显示出原料进量、装置组成和产品、副产品量。见表 3-2、如图 3-3 所示。

改、扩建和技术改造项目，要分别列出改造前后物料平衡情况，并根据改造方案，叙述改造后（有项目）、无项目和增量的物料情况。

3.2.2　装置（车间）物料衡算

在一个装置（车间）的生产工艺过程中，通常由几个或十几个生产工序构成，须对每一生产工序做出物料衡算，这里包括所有化学过程即化学反应和诸如结晶、过滤、干燥等物理过程的物料衡算。在化学过程中所处理物料的化学成分发生了变化，所以物料衡算可以从物理化学定律来考虑，而物理过程的物料衡算是找出中间体和所得成品的变化量。

化学反应的物料衡算方法是根据化学反应方程式以及投料量、纯度和收率，算出各中间体和成品的数量、副产物和生产废料的量、反应物的容积和组成，以及每一生产步骤中的变化。由此可见，物料衡算对于生产过程的正确设计和合理操作都有着重要的实际意义。

对于以物理过程为主的那些生产工序，如过滤、结晶等，须通过计算确定出在该温度下有多少产物留在溶液中，有多少随洗涤水而去。实际上有许多化工单元的计算式，诸如蒸馏、吸收中的操作线，就是物料衡算的结果。

另外也要考虑到正常操作的损失，气体及蒸汽由漏气处逃逸，输送、贮藏、装卸时溶液和固体物料的损失等。

我们取第一生产工序的收率为 y_1，第二生产工序的收率为 y_2，第三生产工序的收率为 y_3，……，则产品的总收率为：

$$y = y_1 \cdot y_2 \cdot y_3 \cdots\cdots \qquad (3-1)$$

物料衡算反映出的是生产过程的完善程度及生产状况，它决定于运行设备的操作情况和整个生产的组织情况。物料衡算不是一成不变的，物料衡算做得越全面，表示工艺过程研究得越详细；在生产过程中的损失和所生产的副产品、废料越少，则表示生产过程进行得越完善。如果物料衡算之后发现有大量的物料损失，就表示工艺过程存在缺陷，需要作进一步的工艺优化。

物料衡算通常是以单位时间内处理多少物料量，或者是在单位时间内生产多少成品或半成品作为基准。

计算的基准是由具体情况决定的，在大型生产的设计计算中，往往是根据装置的年产量，并以此折算到每昼夜生产多少成品为基准。在折算过程中，连续化生产一般采用每年 330 工作日来计算，间歇或操作环境恶劣、腐蚀性强的生产可以按每年 300 天或 270 天计算，制剂生产一般按 250 工作日来计算，这些均需要依据实际生产情况，与工厂管理者充分协商确定。在制药生产中，亦会遇到小型生产任务，此时可以每罐生产多少成品或每罐消耗多少原料为基准进行计算。

为便于阅读，在设计中往往将计算结果列成物料衡算表，表中应尽可能包括物料纯度，投入料的摩尔比、体积等内容。

根据物质守恒定律，一个生产系统的投料总量与出料总量应该是相等的，下面我们举例说明。

例：设定安替比林的年产量为 300 t，试做出重氮化过程（苯胺重氮化是整个生产工序的第一工序）的物料衡算。

设已知由苯胺开始的总收率为 58.42%，重氮化过程在管道内进行。苯胺、亚硝酸钠、盐酸的浓度分别为 98%、95.9%、30%。

解：根据给定的装置年生产能力，按每年 300 工作日来折算，那么每昼夜的生产任务为 1 t 安替比林。

表 3-2 XX 项目总物料衡算

工程名称	XX 项目				全厂（装置）物料平衡表					编制	校核	审核	日期	
设计项目													版次	A
文件编号													页码	
物料名称			氧气		燃料（煤）		水煤气		（氢）水煤气		（CO）水煤气		（CO）水煤气	
组分	分子式	分子量	nm³/h	V%	kg/h	WT%	nm³/h	V%	nm³/h	V%	nm³/h	V%	nm³/h	V%
氢气	H_2	2					24 195	35.49	15 090	35.49	9 106	35.49	9 106	35.58
一氧化碳	CO	28			固定碳	57.45	31 327	45.95	19 538	45.95	11 789	45.95	11 789	46.06
二氧化碳	CO_2	44					12 108	17.76	7551	17.76	4 557	17.76	4557	17.81
甲烷	CH_4	16			挥发分	32.70	13	0.02	9	0.02	5	0.02	5	0.02
氩气	Ar	40	83	0.37			88	0.13	55	0.13	33	0.13	33	0.13
氮气	N_2	28	7	0.03			191	0.28	119	0.28	72	0.28	72	0.28
硫化氢	H_2S	34			硫分	0.74	82	0.12	51	0.12	31	0.12	31	0.12
氧硫化碳	COS	60					2	0.00	2	0.00				
氨	NH_3	17			灰分	9.11	170	0.25	106	0.25	64	0.25		
氧气	O_2	32	22 487	99.60										
∑干基			22 577	100	33 025	100	68 176	100	42 521	100	25 657	100	25 593	100
水	H_2O	18			3 961	10.71	95 446		59 529		35 919		88	
∑湿基					36 986		163 622		102 050		61 576		25 681	
水 / 气	V/V						1.40		1.40		1.40			
温度	℃		40.00		常温		216.00		216.00		216.00		40.00	
压力	MPa（A）		5.50		常压		3.80		3.80		3.80		3.80	

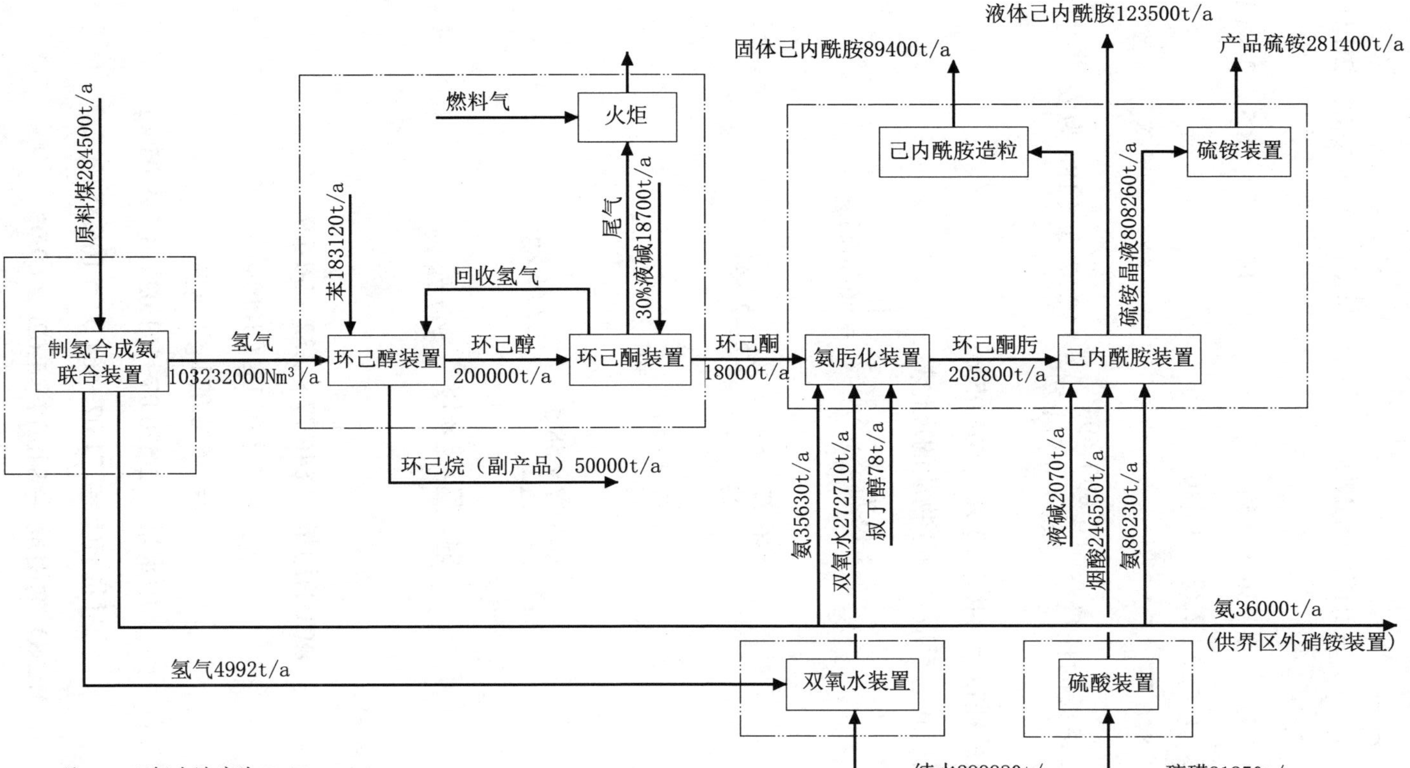

注：1. 双氧水浓度为27.5%。
2. 其他物料浓度均为100%。

图 3-3 己内酰胺生产总物料平衡

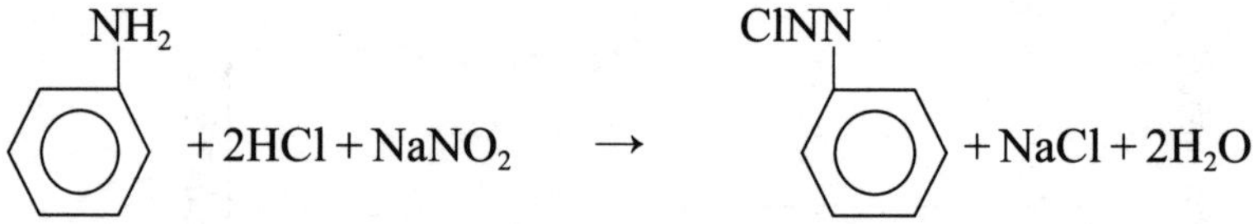

分子量	93	2×36.5	69	140.5	58.5	2×18
实际摩尔数	1	2.32	1.026			
重量	846.77	X_1	X_2	X_3	X_4	X_5

纯苯胺每天的耗量 $= \dfrac{1\,000 \times 93}{188 \times 0.584\,2} = 846.77$ kg（188 为安替比林的分子量）

粗苯胺的耗量 = 846.77/0.98 = 864.05 kg

根据反应式，反应式中各物质的理论量：

$$X_1 = \frac{846.77 \times 2 \times 36.5}{93} = 664.67 \text{ kg}$$

$$X_2 = \frac{846.77 \times 69}{93} = 628.25 \text{ kg}$$

$$X_3 = \frac{846.77 \times 140.5}{93} = 1\,279.26 \text{ kg}$$

$$X_4 = \frac{846.77 \times 58.5}{93} = 532.65 \text{ kg}$$

$$X_5 = \frac{846.77 \times 2 \times 18}{93} = 327.78 \text{ kg}$$

实际投料量：

HCl 的用量 = 846.77 × 2.32 × 36.5/93

= 771.02 kg（100%）

= 2 570.07 kg（30%）

其中水量 = 2 570.07−771.02 = 1 799.05 kg

过量 HCl = 771.02−664.67 = 106.35 kg

$NaNO_2$ 的用量 = 846.77 × 1.026 × 69/93

$$= 644.58\ kg\ (100\%)$$

$$= 672.14\ kg\ (95.9\%)$$

粗 $NaNO_2$ 中的杂质 $= 672.14 - 644.58 = 27.56\ kg$

配成 27%$NaNO_2$ 溶液的量 $= 644.58/0.27 = 2\ 387.33\ kg$

其中水量 $= 2\ 387.33 - 672.14 = 1\ 715.19\ kg$

过量 $NaNO_2 = 644.58 - 628.25 = 16.33\ kg$

$C_6H_5N_2Cl$ 因分解和机械损失按生产量的 4% 考虑，则

$C_6H_5N_2Cl$ 的损失量 $= 1\ 279.26 \times 0.04 = 51.17\ kg$

$C_6H_5N_2Cl$ 的实际生成量 $= 1\ 279.26 - 51.17 = 1\ 228.09\ kg$

副反应：

	HCl	+	$NaNO_2$ →	NaCl	+	HNO_2
分子量	36.5		69	58.5		47
质量	Y_1		16.33	Y_2		Y_3

根据反应式：

$$Y_1 = 16.33 \times 36.5/69 = 8.64\ kg$$

$$Y_2 = 16.33 \times 58.5/69 = 13.85\ kg$$

$$Y_3 = 16.33 \times 47/69 = 11.12\ kg$$

反应后剩下的 100% HCl $= 106.35 - 8.64 = 97.71\ kg$

上述两个反应都是放热的，且剩余的 HCl 在稀释后亦要放出热量，为了控制反应温度在 60℃左右，直接用加水来调节。

要求出加水量，必须先求出总的放热量 Q，现在分别进行计算如下：

① $C_6H_5NH_2 + NaNO_2 + 2HCl \rightarrow C_6H_5N_2Cl + NaCl + 2H_2O + 33.65$ kcal/mol

$$Q_1 = \frac{846.77}{93} \times 1\ 000 \times 33.65 = 306\ 385.06\ kcal$$

② $HCl + NaNO_2 \rightarrow NaCl + HNO_2 + 3.45$ kcal/mol

$$Q_2 = \frac{16.33}{69} \times 1\ 000 \times 3.45 = 816.50\ kcal$$

③ 30% HCl 稀释热

30% HCl 的无限稀释热为 50 000 kcal/(kg · mol)(HCl 的外推值)

$$Q_3 = \frac{97.71}{36.5} \times 5\,000 = 13\,384.93 \text{ kcal}$$

$$Q = Q_1 + Q_2 + Q_3$$

$$= 306\,385.06 + 816.50 + 13\,384.93 = 320\,586.49 \text{ kcal}$$

冷水自 20℃加热到 60℃，则需水量：

$$G_1 = \frac{Q}{C_p \Delta t}$$

$$= \frac{320\,586.49}{1 \times (60-20)} = 8\,014.66 \text{ kg}$$

原有水量包括 $NaNO_2$ 配制用水、盐酸内水和反应生成水三部分

$$G_2 = 1\,715.19 + 1\,799.05 + 327.78 = 3\,842.02 \text{ kg}$$

加水量

$$G = G_1 - G_2$$

$$= 8\,014.66 - 3\,842.02 = 4\,172.64 \text{ kg}$$

为简化计算，未考虑其他物料从 20℃加热到 60℃时所吸收的显热。

从表 3-3 和表 3-4 看，投料量与出料量相等，物料计算结果是符合守恒定律的。

表 3-3　投料物料衡算

物料名称	含量 /%	折纯 /kg	投料 /kg	摩尔数	摩尔比		体积 /L	备注
					理论	实际		
苯胺 /$C_6H_5NH_2$	98	846.77	864.05	9.11	1	1	844.07	杂质 17.28 kg
亚硝酸钠 / $NaNO_2$	95.9	644.58	672.14	9.34	1	1.026	310.60	杂质 27.56 kg
水 /H_2O			1 715.19				1 715.19	配 $NaNO_2$ 溶液用水
盐酸 /HCl	30	771.02	2 570.07	21.12	2	2.32	2 235.71	水 1 799.05 kg
水 /H_2O			4 172.64				4 172.70	总补水
合计			9 994.09				9 278.27	

表 3–4　出料物料衡算

物料名称	含量/%	折纯/kg	出料/kg	摩尔数	摩尔比		体积/L	备注
					理论	实际		
重氮盐		1 228.09	1 228.09	8.74		1		
氯化钠 / NaCl		546.50	546.50	9.34		1.07		
水 / H_2O			8 014.66					
亚硝酸 / HNO_2			11.12	0.24		0.027		
盐酸 / HCl			97.71	2.68		0.31		
杂质			96.01					17.28+27.56+51.17
合计			9 994.09				9 340.27	ρ=1.07

在物料衡算的基础上，经过相应的转换和计算，最后得出原料消耗综合表和排出物综合表，参见表 3–5 和表 3–6。

表 3–5　原料消耗综合

序号	原料名称	单位	纯度/%	单位产品消耗定额 /t		日消耗量 /t		年消耗量 /t		备注
1										
2										
…										

表 3–6　排出物综合

序号	物料名称	特性和成分	单位	单位产品排出量 /t	小时排放量 /t	年排放量 /t	备注
1							
2							
…							

3.3 能量衡算

在所有的工艺过程中包括物理过程和化学过程，总是伴随着能量的消耗。由于制药工业用能主要以热能为主，而且车间或装置能量衡算的主要目的是要确定设备的热负荷，因此我们将能量衡算简化为热量衡算。

在大多情况下，将热量从设备中传出或相反地将热量传入设备的速率，控制着反应所需的时间。对于某些反应热对反应特别有影响的过程（像硝化反应等），热量的传出就同时起着确保过程安全顺利进行的作用。对于像这样的反应，如果不能将热量及时排出，积蓄起来，甚至有引起爆炸的可能，所以热量衡算是有十分重要的安全意义的。

热量衡算的基础是能量守恒定律，过程的热量衡算一般可以用下式表示：

$$Q_1 + Q_2 + Q_3 = Q_4 + Q_5 + Q_6 \tag{3-2}$$

式中：Q_1——物料带入到过程的热量，kcal；

Q_2——加热剂或制冷剂与系统所交换的热量，加热为“+”，冷却为“−”，kcal；

Q_3——过程的热效应，kcal；

Q_4——物料从过程中带出的热量（包括逸出气体或蒸汽所带走的热量），kcal；

Q_5——加热设备各部件所消耗的热量，kcal；

Q_6——设备向四周散失的热量，kcal。

由于我们感兴趣的是 Q_2 项，因此必须首先算出上式中其他各项的热量。

对 Q_1 和 Q_4 来讲，由于各物料带入和带出系统的热量与物料的温度和状态有很大的关系，因此各物料的热量都必须建立在同一基准温度上。例如每千克 20℃水带入设备的热量，在 0℃为基准温度的情况下为 20 kcal，如果以 20℃为基准温度，则带入的热量为 0。为了方便计算，我们以 0℃为基准温度，以液态为基准物态。

需要注意的是，我们在引用比热数据时，往往不太注意温度对它们的影响，实际上在某些情况下，出入也是很大的。以 95% 乙醇为例，在 20℃时比热为 0.63，70℃时则为 0.81，如按 20℃的比热来计算 70℃时，那么热量就要少算大约 30%，因此引用数据时，应注意作适当的调整。

Q_5 和 Q_6 可以按照传热关系式来求出。对于连续操作的设备来讲，加热设备所需热量一项只是在启动时才有意义，在稳定运行的情况下是可以不考虑的。至于化学反应设备的散热问题，一般仅考虑罐盖部分（罐身通常已经被夹套围住）。散热量不大，且设备表面向周围散热的传热系数 α 又很小，在室内为 10 kcal/(m²·h·℃）左右，所以这部分热量通常是不考虑的。例如一只小型的反应釜，其散热面积为 0.5 m²（罐的直径大约为 0.7 m），罐盖的表面温度为 100℃，周围大气的温度为 20℃，罐盖向大气的传热系数 $\alpha = 12$ kcal/(m²·h·℃），则

$$
\begin{aligned}
Q/\tau &= \alpha F \Delta t \\
&= 12 \times 0.5\,(100-20) \\
&= 480\ \text{kcal/h}
\end{aligned}
$$

这个热量比在常压下 1 小时内将 1 kg 的 20℃水加热成 100℃蒸汽所耗费的热量还小，这样大小的热量对于反应过程来讲是微不足道的，基本可以忽略不计。

对于需要计算的情况，比如壁面温度很高、散热面积很大的情况，传热系数可由如下经验公式求取。

（1）空气沿壁面做自然对流

在平壁保温层外

$$\alpha = 8.4 + 0.06\,(t_w - t) \tag{3-3}$$

式中：α——传热系数，kcal/(m²·h·℃）；

t_w——壁温的摄氏温度，℃；

t——壁面周围大气的摄氏温度，℃。

在管道或圆筒壁保温层外

$$\alpha = 8.1+0.045(t_w-t) \tag{3-4}$$

式（3−3）和（3−4）仅适用于 $t_w < 150$℃的情况。

（2）空气沿壁面做强制对流

当空气流速不大于 5 m/s 时

$$\alpha = 5.3+3.6u \tag{3-5}$$

式中：u——空气流速，m/s。

当空气流速大于 5 m/s 时

$$\alpha = 6.7u^{0.78} \tag{3-6}$$

表 3−7 列出了各种场合下的传热系数 α 值，供计算时参考。

当壁温高于 300℃时，在 α 值还得再加上 $\alpha_{辐射}$部分。

$$\alpha_{辐射} = C \cdot \frac{\left(\frac{T_w}{100}\right)^4 - \left(\frac{T}{100}\right)^4}{t_w-t} \tag{3-7}$$

式中：T_w，T——绝对温度，K；

C——灰体辐射系数，kcal/($m^2 \cdot h \cdot K^4$)。

物体按其辐射特性分为黑体、灰体和选择性辐射体（非灰体）。根据斯蒂芬－玻尔兹曼（Stephan−Boltzmann）定律，黑体的辐射系数 $C_0 = 4.87$ kcal/($m^2 \cdot h \cdot K^4$)。不同物体的 C 值不同，与物体的性质、表面情况及温度有关，其值小于 C_0。同一温度下灰体的辐射能流率与黑体的比值称作为黑度（辐射率）ε（$\varepsilon = C/C_0$），在计算引入数据时注意区分。表 3−8 列出了一些灰体的辐射系数供参考。

表 3–7　由器壁到周围空气介质的传热系数（α）

器壁温度/℃	垂直平面或圆柱形壁面		水平壁面		水平圆筒，圆筒直径/m											
					0.05		0.1		0.2		0.5		1.0		2.0	
	$\alpha_{静}$	$\alpha_{动}$	$\alpha_{静}$	$\alpha_{动}$	$\alpha_{静}$	$\alpha_{动}$	$\alpha_{静}$	$\alpha_{动}$	$\alpha_{静}$	$\alpha_{动}$	$\alpha_{静}$	$\alpha_{动}$	$\alpha_{静}$	$\alpha_{动}$	$\alpha_{静}$	$\alpha_{动}$
25	3.3	7.7	4.2	8.6	3.2	7.6	2.7	7.1	2.3	6.7	1.8	6.2	1.5	5.9	1.3	5.7
30	3.8	8.2	4.8	9.2	3.9	8.3	3.3	7.7	2.8	7.2	2.2	6.6	1.9	6.3	1.5	6.0
35	4.3	8.8	5.5	10.0	4.2	8.7	3.5	8.0	3.0	7.5	2.4	6.9	2.0	6.5	1.7	6.2
40	4.6	9.2	5.8	10.4	4.6	9.1	3.9	8.4	3.3	7.8	2.6	7.1	2.2	6.7	1.8	6.3
45	4.8	9.3	6.1	10.6	4.8	9.3	4.0	8.5	3.4	7.9	2.7	7.2	2.3	6.8	1.9	6.4
50	5.1	9.9	6.5	11.3	5.0	9.8	4.2	9.0	3.5	8.2	2.8	7.6	2.4	7.2	2.0	6.8
60	5.5	10.5	7.0	12.0	5.3	10.3	4.5	9.5	3.8	8.8	3.0	8.0	2.5	7.5	2.1	7.1
70	5.8	11.2	7.4	12.8	5.7	11.0	4.8	10.1	4.0	9.3	3.2	8.5	2.7	8.0	2.3	7.6
80	6.1	11.5	7.7	13.1	6.0	11.4	5.0	10.4	4.3	9.7	3.4	8.8	2.9	8.3	2.4	7.8
90	6.4	12.1	8.1	13.8	6.2	11.9	5.2	10.9	4.4	10.1	3.5	9.2	3.0	8.7	2.5	8.2
100	6.6	13.0	8.4	14.8	6.4	12.4	5.4	11.4	4.5	10.5	3.6	9.6	3.1	9.1	2.5	8.5
125	7.1	14.0	9.0	15.9	6.9	13.8	5.8	12.7	4.9	11.8	3.9	10.8	3.3	10.2	2.8	9.7
150	7.4	15.1	9.4	17.1	7.2	14.9	6.0	13.7	5.1	12.8	4.1	11.8	3.4	11.1	2.9	10.6
200	8.0	17.0	10.2	19.2	7.9	17.4	6.6	16.1	5.6	15.1	4.5	14.0	3.8	13.2	3.1	12.6
300	9.0	23.5	11.5	26.0	8.8	23.2	7.4	21.3	6.8	20.6	5.0	19.4	4.2	18.6	3.5	17.9
400	9.7	30.5	12.3	33.2	9.5	30.3	8.0	28.8	6.7	27.5	5.4	26.2	4.5	25.3	3.8	24.6
500	10.3	39.6	13.1	42.4	10.1	39.3	8.5	37.7	7.2	36.4	5.7	34.9	4.8	34.0	4.1	33.3

表 3–8　灰体辐射系数

材料名称	表面状况	温度 /℃	辐射系数 C
铝	强烈氧化	50 ~ 500	0.97 ~ 1.46
铸铁	600℃氧化	200 ~ 600	3.12 ~ 3.80
锌	400℃氧化	400	0.54
钢铁	氧化	200 ~ 600	3.90
不锈钢	合金，8% 镍，18% 铬	500	1.71

综上所述，可见为了求取 Q_2，关键问题是在于求取 Q_3，即求取过程的热效应。

化学过程的热效应，包括各种化学反应热和各种物料由于化学反应而引起的浓度变化或状态变化的热效应，包括熔解热、稀释热、蒸发热、熔融热等。

虽然这些热效应是平行发生的，例如硝化过程，随着反应的进行，硝酸在消耗着，相应的反应体系的水则由于反应的不断进行而不断地增加着，这就引起了因为酸的稀释而产生的稀释热效应，但由于它们是状态函数，与过程无关，因此我们在做具体计算时，应分别加以考虑。

3.3.1　化学热效应

化学热效应 q_r 是表示各物质在某一定的温度下互相发生化学作用时，所放出或吸收的热量。

根据物理化学，这部分热量可以通过各物质的生成热 q_f 或燃烧热 q_c 来求取。

即　$$q_r = \sum (q_f)_{生成物} - \sum (q_f)_{反应物} \quad (\text{kcal/mol}) \tag{3-8}$$

或　$$q_r = \sum (q_c)_{生成物} - \sum (q_c)_{反应物} \quad (\text{kcal/mol}) \tag{3-9}$$

严格地讲，无论 q_f 还是 q_c，必须采用反应温度下的数据，但在手册中查到的往往是在 20℃或 25℃下的数值，由于温度的影响不是很显著，在进行工程计算时，通常就直接引用这些数据，举例如下。

例：苯的氯化过程中，有 1 kg 的苯被氯化成了一氯甲苯，求其化学热效应。

解：$C_6H_6 + Cl_2 \rightarrow C_6H_5Cl + HCl\ (g)$

从化工手册查得他们的生成热分别为：

$q_f C_6H_6 = -11.63$ kcal/mol，$q_f C_6H_5Cl = 12.2$ kcal/mol，$q_f Cl_2 = 0$，

$q_f HCl\ (g) = 22.06$ kcal/mol

$$q_r = q_f C_6H_5Cl + q_f HCl\ (g) - q_f C_6H_6 - q_f Cl_2$$

$$= 12.2 + 22.06 - (-11.63) - 0 = 45.89\ \text{kcal/mol}$$

$$Q_r = nq_r = \frac{1\ 000}{78} \times 45.89 = 588\ \text{kcal}$$

如果在手册上查不到化合物的燃烧热或生成热，则可以用估算的方法。表 3-9 列出一些由生成热计算的典型化学反应热效应，供设计计算时参考。如采用燃烧热计算化学过程的热效应，通过手册也能查到一部分燃烧热数据，进行化学热效应的求取。化学热效应也可以采用计算的方法来求取，计算方法详见附录九。

下面列举了几个典型化学反应热效应，供参考使用。

氯磺酸参与反应的热效应见表 3-10。

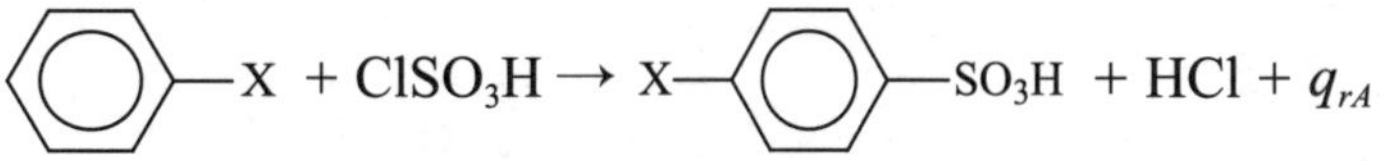

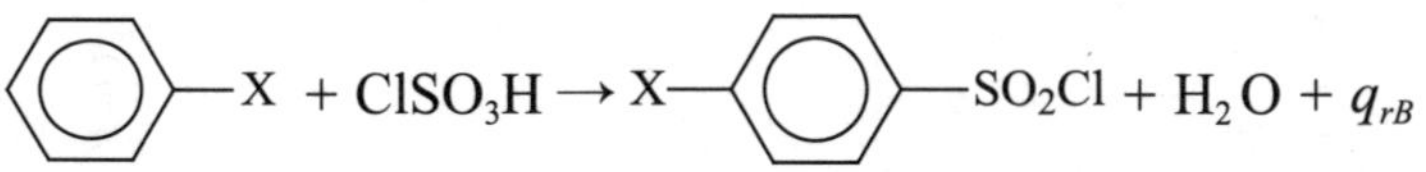

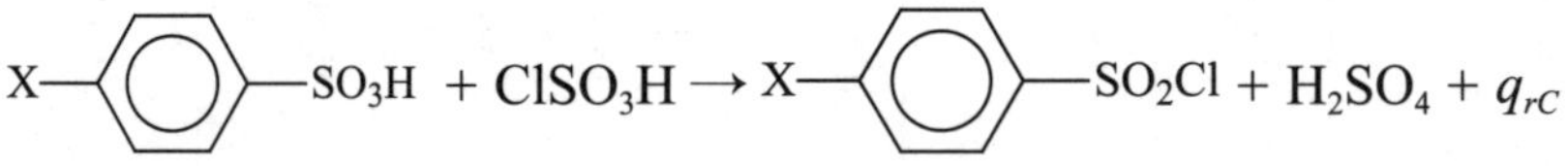

表 3-9　典型化学反应热效应一览

单位：kcal/mol

反应	方程式	q_r
卤化	1. $C_6H_5CH_3 + Cl_2 \rightarrow C_6H_5CH_2Cl + HCl(g)$ −2.87　0　19.47　22.06	44.40
	2. $C_6H_6 + Br_2 \rightarrow C_6H_5Br + HBr(g)$ −11.63　0　14.56　8.66	34.85
	3. $C_6H_6 + 0.5Br_2 + \frac{1}{6}KClO_3(l) \rightarrow C_6H_5Br + \frac{1}{6}KCl(aq) + 0.5H_2O(g)$ −11.63　0　$\frac{1}{6}\times 93.50$　14.56　$\frac{1}{6}\times 100.16$　0.5×59.56	57.08
硝化	1. $C_6H_6 + HNO_3(l) \rightarrow C_6H_5NO_2(l) + H_2O(l)$ −11.63　41.40　−2.99　70.41	37.65
	2. $C_6H_6 + 2HNO_3(l) \rightarrow C_6H_5(NO_2)_2(c) + 2H_2O(l)$ −11.63　2×41.40　−12.21　2×70.41	57.44
磺化	1. $C_6H_6 + SO_3(l) \rightarrow C_6H_5SO_3H$ −11.63　105.41　134.22	40.44
	2. $C_6H_6 + H_2SO_4(l) \rightarrow C_6H_5SO_3H + H_2O(l)$ −11.63　194.55　134.22　70.41	21.71
氧化	1. 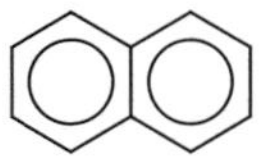 $(c) + 4.5O_2 \rightarrow$ 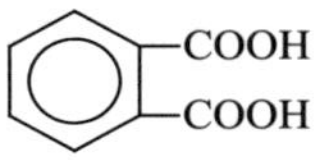 $+ 2CO_2 + H_2O(g)$ −18.63　0　186.96　2×94.05　59.56	453.25

（续表）

反应	方程式	q_r
氧化	2. 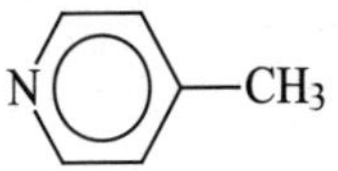 (l) + $2KMnO_4$ (s) → 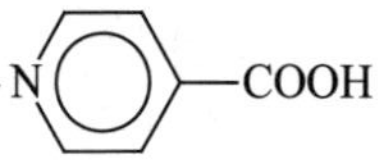 + 2KOH (aq) + $2MnO_2$ (s) −14.15 2×194.4 138.55 2×115.0 2×124.29	242.48
	3. 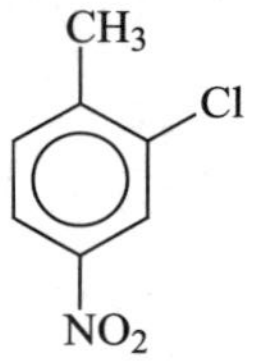 + $2HNO_3$ (l) → 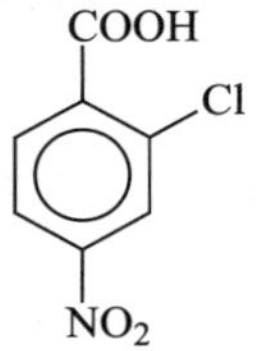 + 2NO (g) + $2H_2O$ (g) 17.54 2×41.40 109.1 2×(−21.57) 2×59.56	84.74
还原	1. $C_6H_5NO_2$ (l) + $3H_2$ → $C_6H_5NH_2$ (l) + $2H_2O$ (g) −2.99 0 −7.53 2×59.56	114.58
	2. $C_6H_5NO_2$ (l) + 2.25Fe + H_2O (l) → $C_6H_5NH_2$ (l) + $0.75Fe_3O_4$ (s) −2.99 0 70.41 −7.53 0.75×267.3	125.53
	3. $C_6H_5NO_2$ (l) + $1.5Na_2S$ + $1.75H_2O$ (l) → $C_6H_5NH_2$ (l) + $0.75Na_2S_2O_3$ + 1.5NaOH (l) −2.99 1.5×89.2 1.75×70.41 −7.53 0.75×260.6 1.5×101.99	86.88
	4. $C_6H_5NO_2$ (l) + Na_2S + H_2O (l) → $C_6H_5NH_2$ (l) + $Na_2S_2O_3$ −2.99 89.2 70.41 −7.53 260.6	96.45
	5. $C_6H_5NO_2$ (l) + 1.5Zn + $1.5H_2O$ (l) → 0.5 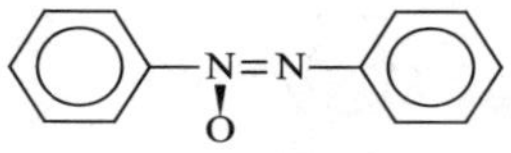 + $1.5Zn(OH)_2$ −2.99 0 1.5×70.41 0.5×(−47.82) 1.5×146.72	93.54

（续表）

反应	方程式	q_r
还原	6. $C_6H_5NO_2$（l） + 2Zn + $2H_2O$（l） → 0.5 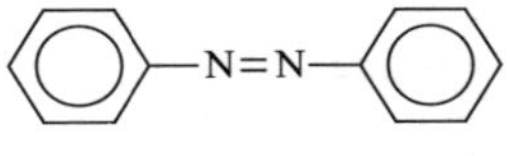 + 2Zn（OH）$_2$ −2.99　　0　　2×70.41　　0.5×（−78.35）*　　2×146.72	116.44
	7. $C_6H_5NO_2$（l） + 2.5Zn + $3H_2O$（l） → 0.5 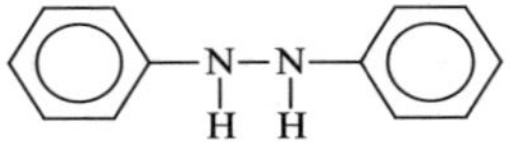 + 2.5Zn（OH）$_2$ −2.99　　0　　3×70.41　　0.5×（−41）　　2.5×146.72	138.06
水解	1. C_5H_5Cl（g） + NaOH（l） → C_6H_5Na + NaCl（l） + H_2O（l） 10.74　　2×101.99　　89.66　　98.23　　70.41	43.58
	2. C_6H_5Cl（g） + H_2O（l） → C_6H_5OH + HCl（g） 10.74　　70.41　　37.80　　22.06	−21.29
	3. $C_{10}H_7NH_2$ + H_2SO_4 + H_2O（l） → $C_{10}H_7OH$ + NH_4HSO_4 −15.56　　194.55　　70.41　　24.98　　245.45	21.03
氨解	1. C_6H_5Cl（g） + $2NH_3$ → $C_6H_5NH_2$（l） + NH_4Cl（aq） 10.74　　2×11.02　　−7.53　　71.62	31.31
	2. C_6H_5OH + NH_3 → $C_6H_5NH_2$（l） + H_2O（g） 37.80　　11.02　　−7.53　　59.56	3.21
烷化	1. C_6H_6 + CH_3Cl（l） → $C_6H_5CH_3$ + HCl（g） −11.63　　19.62　　−2.87　　22.06	11.2

（续表）

反应	方程式	q_r
烷化	2. $C_6H_5NH_2$（l） + CH_3Cl（l） → $C_6H_5N(CH_3)-H$（l） + HCl（g） −7.53　19.62　−7.70　22.06	2.27
	3. $C_6H_5NH_2$（l） + CH_3Cl（l） + NaOH（l） → $C_6H_5N(CH_3)-H$（l） + NaCl + H_2O（g） −7.53　19.62　101.99　−7.70　98.23　59.56	36.01
脱羧	1. 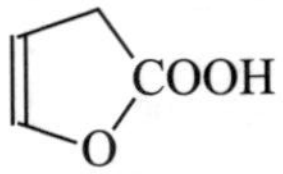 → 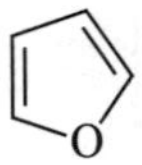（l） + CO_2 112.12　14.91　94.05	−3.16
	2. 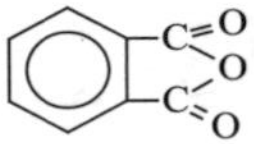（c） + $0.5H_2O$ → 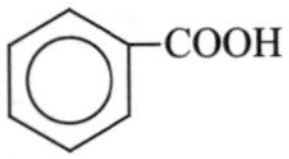（c） +CO_2 110.42　0.5 × 70.41　92.07　94.05	40.5
酯化	CH_3COOH + C_2H_5OH → $CH_3COOC_2H_5$ + H_2O（l） 115.8　66.35　110.72　70.41	−1.02
酰化	$C_6H_5NH_2$（l） + CH_3COOH → $C_6H_5N(COCH_3)-H$ + H_2O（l） −7.53　115.8　47.39*　70.41	9.53

注：①“−”值为吸热，“+”值为放热。

②“aq”标准态的浓度为假想的 1 mol 理想水溶液，“s”表示固体，“l”表示液体，“g”表示气体。

③数据为 1 atm，25℃的数据。

④化合物的燃烧热可由卡拉奇（Khrasch）法和理查德（Richard）法计算，计算方法参见附录九。

表 3-10　氯磺酸参与反应的热效应　　单位：kcal/mol

X 基团	化合物名称	q_{rA}	q_{rB}	q_{rC}
$-H$	苯	31.4	21.4	−4.1
$-CH_3$	甲苯	42.8	36.0	−0.7
$-NH_2$	苯胺	34.8	26.8	−1.9
$-NHCOH_3$	乙酰苯胺（退热冰）	32.3	22.7	−3.9
$-NHCOH$	甲酰苯胺	61.8	28.9	−26.7

某些重氮化反应的热效应见表 3−11。

$$RNH_2 + HCl \rightarrow RNH_2 \cdot HCl + q_{rA}$$

$$R-N \equiv \underset{\displaystyle OH}{\underset{|}{N}} + HCl \rightarrow R-N \equiv N-Cl + H_2O + q_{rB}$$

$$RNH_2 + HNO_2 \rightarrow R-N \equiv \underset{\displaystyle OH}{\underset{|}{N}} + H_2O + q_{rC}$$

$$NaNO_3 + HCl \rightarrow NaCl + HNO_2 + 3.45$$

整理上述几个反应式，得

$$RNH_2HCl + NaNO_2 + HCl \rightarrow R-N \equiv N-Cl + NaCl + H_2O + q_{rB} + q_{rC} - q_{rA} + 3.45$$

表 3-11　重氮化反应过程中各分解反应的热效应　　单位：kcal/mol

原料	q_{rA}	q_{rB}	q_{rC}
对甲苯胺	7.60	13.0	18.28
邻甲氧苯胺	7.50	13.01	18.38
邻甲苯胺	7.49	12.06	19.97
苯胺	7.40	11.68	18.52
联甲氧苯胺（1/2 mol）	6.70	11.16	18.73
联苯胺（1/2 mol）	6.60	11.87	16.89
对溴苯胺	6.54	10.4	17.59
α− 苯胺	6.44	12.86	18.39

（续表）

原料	q_{rA}	q_{rB}	q_{rC}
间－溴苯胺	6.41	10.15	16.73
邻氨基苯甲酸	5.96	10	17.46
间－硝基苯胺	5.90	10	14.18
对氨基苯甲酸	5.22	8.61	17
对氨基苯磺酸	3.15	8.5	15.01
氨基偶氮苯	1.77	10.28	12.56
对硝基苯胺	1.81	8.0	13.53
邻硝基苯胺	1.81	8.0	12.47

某些亚硝化反应的热效应如下：

β-$C_{10}H_7OH$（s）+ HNO_2（l）→ β-$C_{10}H_6$（OH）（NO）（s）+ H_2O + 32.49

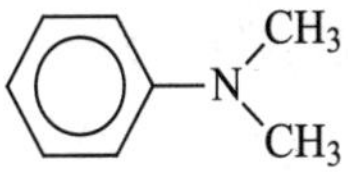
（l）+ HNO_2（l）→ C_6H_4（NO）N（CH_3）$_2$（s）+ H_2O + 33.65

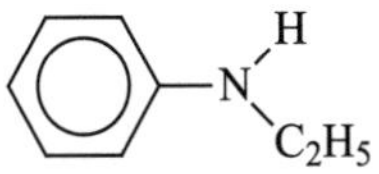
（l）+ HNO_2（l）→
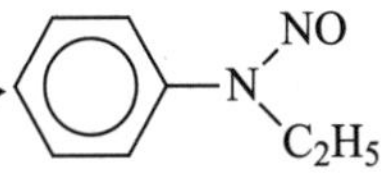
（s）+ H_2O + 17.69

β-$C_{10}H_7NH$-C_2H_5（l）+ HNO_2（l）→ β-$C_{10}H_7N$（NO）-C_2H_5（s）+ H_2O + 17.85

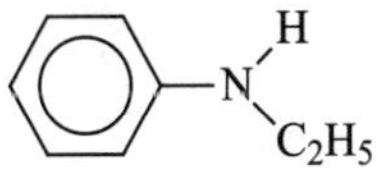
（l）+ HNO_2（l）→
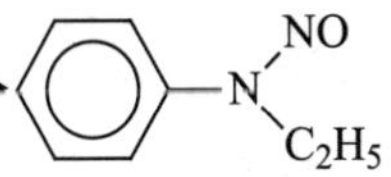
（s）+ H_2O + 13.99

从上述诸表和公式所列数据可以看出，对于同类型反应，其反应热效应一般保持在同一数量级范围之内。

对于像化学制药工艺常见的缩合、环合之类的反应，其热效应一般不是很大，可以不予计算。事实上，许多环的燃烧热的校正值没有被估计，因此也无法进行计算。

3.3.2 物理热效应

对于过程计算有实际意义的物理热效应有蒸发热、熔融热、升华热、溶解热、稀释热等，特别是酸碱类的稀释热和混合热要注意进行计算。

大多数的化合物蒸发热、溶解热和熔融热可以在手册中查到，必要时也可以进行估算。

3.3.2.1 蒸发热

蒸发热也称汽化热或蒸发潜热。

（1）利用特劳顿（Trouton）规则，计算正常沸点下汽化热的简便方法，通常用于估算，其误差可控制在 30% 以下。

$$Q_v = 0.24\text{b}T_b \qquad (3-10)$$

式中：Q_v——蒸发热，cal/mol；

T_b——介质的正常沸点，K；

b——常数；非极性介质液体，b = 0.088；水和低级醇类，b = 1.109。

（2）如果工程上需要比较精确的计算，可以使用陈（Chen）公式，其误差小于 2%。

$$Q_v = \frac{T_b\left[0.0331\left(T_b/T_c\right)-0.0327+0.0297\lg P_c\right]}{4.187\left[1.07-\left(T_b/T_c\right)\right]} \qquad (3-11)$$

式中：Q_v——蒸发热，kcal/mol；

T_b——介质的正常沸点，K；

T_c——介质的临界温度，K；

P_c——介质的临界压力，atm。

在实际工程当中，我们经常遇到的是求取混合物的蒸发热，可以用各组分的蒸发热加权平均计算；若蒸发热以 kcal/kg 为单位，混合物的蒸发热按质量分数加权平均；若以 kcal/kmol 为单位，则按摩尔分数加权平均。

3.3.2.2　熔融热

固体的熔融热可用下式计算。

$$Q_m = K_1 \frac{T_m}{M} \tag{3-12}$$

式中：Q_m——熔融热，kcal/kg；

T_m——介质的熔点，K；

M——摩尔质量，kg/kmol；

K_1——常数，见表 3-12。

如缺乏熔点数据，可采用下式进行估算。

$$T_m = T_b K_2 \tag{3-13}$$

式中：T_m——介质的熔点，K；

T_b——介质的沸点，K；

K_2——常数，见表 3-12。

表 3-12　K_1，K_2 取值

类别	K_1	K_2
元素	2 ~ 3	0.56
无机物	5 ~ 7	0.72
有机物	10 ~ 16	0.58

熔融热还可以采用经验数据估算。

对于金属化合物，$Q_m = 9.2T_m$；对于无机化合物，$Q_m = 25T_m$；对于有机化合物，$Q_m = 50T_m$；T_m 为开氏温度。

熔融热还可以用欣达（Honda）法则求取。

$$Q_m = C_2 T_f \tag{3-14}$$

式中：T_f——介质的凝固点，K；

C_2——常数；无机物取值 20.92 ~ 29.29，有机物取值 37.33 ~ 46.02，单质取值 8.39 ~ 12.55。

3.3.2.3　升华热

可以按蒸发热 Q_v 和熔融热 Q_m 计算升华热 Q_{sub}。

$$Q_{sub} = Q_v + Q_m \tag{3-15}$$

也可以按下式进行估算。

$$q_c = 1.33q_v \tag{3-16}$$

式中：q_c——升华热，kcal/kg；

q_v——蒸发热，kcal/kg。

3.3.2.4　溶解热

如溶质溶解时不发生解离作用，溶质和溶剂之间不发生化学作用时，溶质是气态，则溶解热是冷凝热；溶质是固态，则溶解热是熔融热。溶质是液态，如形成的溶液为理想溶液，溶解热为 0；如形成的溶液为非理想溶液，按下式计算。

$$Q_s = -\frac{4.57T^2}{M} \cdot \frac{d\lg\gamma i}{dT} \tag{3-17}$$

式中：Q_s——溶解热，kcal/kg；

T——溶解温度，K；

M——摩尔质量，kg/kmol；

γi——在该浓度时，溶质的活度系数。

如果浓度不大时，可用克 - 克（Clansius-Clapetyron）公式计算：

$$Q_s = \frac{4.57}{M} \cdot \frac{T_1T_2}{T_1-T_2} \cdot \lg\frac{c_1}{c_2} \tag{3-18}$$

式中：c——溶质对应温度 T 时的溶解度，溶质为气相时，也可用溶质的气相分压代替。

常见物质在水中的溶解热，可以从有关手册中查到，在此不一一列出。下面就常见的各种酸的溶解热的计算做一些解析。

（1）硫酸的溶解热

指 SO_3 溶于 1 kg 水生成一定浓度的 H_2SO_4 所产生的热量。

$$Q_s = \frac{504}{0.2013+\frac{1-m}{m}} + \frac{0.714\,(T-15)}{0.062+\frac{1-m}{m}} \qquad (3-19)$$

式中：Q_s——溶解热，kcal/kgH_2O；

m——以 SO_3 计，H_2SO_4 的质量分数；

T——操作温度，K。

（2）硝酸的溶解热

$$Q_s = \frac{8.97n}{n+1.757} \qquad (3-20)$$

式中：Q_s——溶解热，kcal/mol HNO_3；

n——溶解 1 mol HNO_3 的 H_2O 的摩尔数。

（3）盐酸的溶解热

$$Q_s = \frac{11.98n}{n+1} + 5.37 \qquad (3-21)$$

式中：Q_s——溶解热，kcal/mol HCl；

n——溶解 1 mol HCl 的 H_2O 的摩尔数。

（4）硫酸的无限稀释热

指 1 kg 一定浓度的硫酸被无限量的水稀释时所放出的热量。

$$q_s = 183 - \frac{324n}{49+n} \qquad (3-22)$$

式中：q_s——硫酸无限稀释热，kcal/kg H_2SO_4；

n——硫酸溶液中 H_2O 的质量百分数，%。

（5）硝酸的无限稀释热

指 1 kg 一定浓度的硝酸被无限量的水稀释时所放出的热量。

$$q_s = 111 - \frac{312n}{98.5+n} \qquad (3-23)$$

式中：q_s——硝酸无限稀释热，kcal/kg HNO_3；

n——硝酸溶液中 H_2O 的质量百分数，%。

（6）混酸的无限稀释热

$$q = \frac{q_1 - q_2}{q_1 - x(q_1 - q_2)} \tag{3-24}$$

式中：q——1 kg 一定浓度的混酸被无限量的水稀释时所放出的热量，kcal/kg 混酸；

q_1——含水量与混酸相同的硫酸无限稀释热，kcal/kg H_2SO_4；

q_1——含水量与混酸相同的硝酸无限稀释热，kcal/kg HNO_3。

混酸中 HNO_3、H_2SO_4、H_2O 的质量分数分别为 l、m、n，则

$$x = \frac{m}{1+m} \tag{3-25}$$

3.3.3 过程计算方法举例

如果反应过程中酸类被稀释的热效应不能直接算出，则必须借助于酸的溶解热或无限稀释热来计算。

例：设 100 kg 98% 的硫酸被等量的水稀释，求它的热效应。

解：根据计算，最后的稀释酸是 49% 的 H_2SO_4，即

$$100\ \text{kg}\ 98\%\ H_{2q}SO_4 + 100\ \text{kg}\ H_2O \xrightarrow{Q=?} 200\ \text{kg}\ 49\%\ H_2SO_4$$

上式中的 Q 不能直接求得。

已知 1 kg 的一定浓度的硫酸，当被大量的水无限稀释时所放出的热量可由式（3-22）求得。

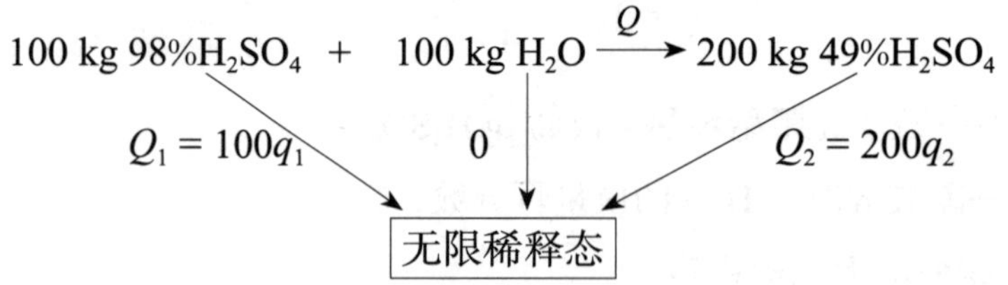

$$q_1 = 183 - \frac{324 \times 2}{2+49} = 170.3\ \text{kcal/kg 酸}$$

$$q_2 = 183 - \frac{324 \times 51}{51+49} = 18\ \text{kcal/kg 酸}$$

根据赫斯（Hess）定律

$$Q = Q_1 - Q_2 = 100q_1 - 200q_2$$
$$= 100 \times 170.3 - 200 \times 18 = +13\,430\ \text{kcal}$$

答案是正值，表示放热，即放出 13 430 kcal 的热量。

对于既有化学热效应，又有物理热效应的过程，究竟怎样来考虑呢？下面再举一例说明一下。

例：根据年产硝基苯 15 000 t 的硝化车间的物料衡算，已知：

每小时输入物料：苯1 250 kg、混酸5 000 kg、循环剩酸3 750 kg，

每小时输出物料：未反应苯50 kg、硝基苯1 900 kg、循环剩酸3 750 kg、生成剩酸4 300 kg，

每小时参加反应的硝酸为 975 kg。

混酸组成：HNO_3 20%，H_2SO_4 59.6%，H_2O 20.4%。

剩酸组成：HNO_3 0.6%，H_2SO_4 69.3%，H_2O 30.1%。

假定外界室温为 20℃，反应温度为 60℃，求过程的热效应 Q_2。

解 1：$Q_1 + Q_2 + Q_3 = Q_4 + Q_5 + Q_6$

根据本例的具体情况（连续操作），考虑到加热设备及其散失的热量占整个热量的比重很小，可以予以忽略，不再予以计算。

即 $Q_5 = 0$，$Q_6 = 0$

$Q_2 = Q_4 - Q_1 - Q_3$

① Q_1、Q_4 的计算：查得混酸的比热（室温）为 0.48、剩酸的比热（室温）为 0.47、苯的比热（20 ~ 25℃）为 0.41、硝基苯的比热（20 ~ 25℃）为 0.36。

$$Q_1 = \Delta t_{入} \sum c_{i入} m_{i入}$$
$$= 20 \times (1\,250 \times 0.41 + 5\,000 \times 0.48 + 3\,750 \times 0.47) = 93\,500\ \text{kcal}$$

$$Q_4 = \Delta t_{出} \sum c_{i出} m_{i出}$$
$$= 60\,(50 \times 0.41 + 1\,900 \times 0.36 + 8\,050 \times 0.47) = 269\,280\ \text{kcal}$$

② Q_3 的计算：

$$Q_3 = Q_r + Q_{物理}$$

由表 3−9 知 $q_r = 37.65$ kcal/mol

$$Q_r = (1\,900/123) \times 1\,000 \times 37.65 = 581\,585 \text{ kcal}$$

本例的化工过程，可看作是由以下步骤组成：

反应的混酸	反应硝酸 + 分离酸 + $Q_{分离}$	（3−26）
苯 + 反应硝酸	硝基苯 + H_2O + Q_r	（3−27）
分离酸 + H_2O	剩酸 + $Q_{稀释}$	（3−28）

$Q_{分离}$和 $Q_{稀释}$可以通过酸的无限稀释热进行计算。

根据式（3−26）有

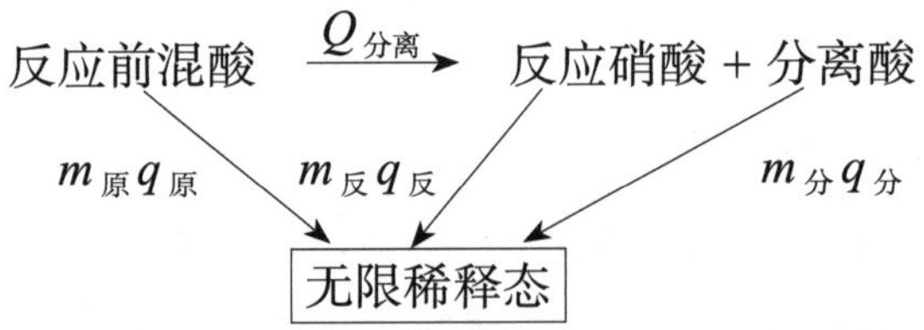

所以 $Q_{分离} = m_{原}q_{原} - m_{反}q_{反} - m_{分}q_{分}$。

根据式（3−28）有

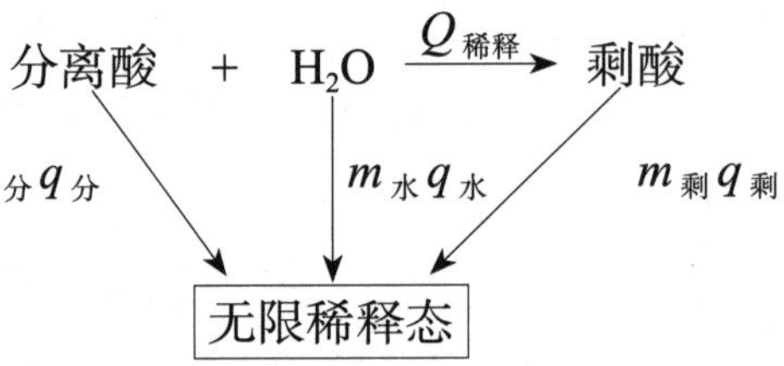

$Q_{稀释} = m_{分}q_{分} + m_{水}q_{水} - m_{剩}q_{剩}$

由于 $q_{水} = 0$

$Q_{稀释} = m_{分}q_{分} - m_{剩}q_{剩}$

$Q_{物理} = Q_{分离} + Q_{稀释}$

$$Q_{物理} = m_{原}q_{原} - m_{反}q_{反} - m_{剩}q_{剩} \quad （3-29）$$

下面我们来求取混酸、剩酸、硝酸的无限稀释热。

① 反应前混酸的无限稀释热 $q_{原}$：反应前混酸的含水量 20.4%，即 $n = 20.4$，因此有

对于硫酸部分 $q_1 = 183 - \dfrac{324n}{49+n}$

$$= 183 - \frac{324 \times 20.4}{49+20.4} = 87.76\ (\text{kcal/kg } H_2SO_4)$$

对于硝酸部分 $q_2 = 111 - \dfrac{312n}{98.5+n}$

$$= 111 - \frac{312 \times 20.4}{98.5+20.4} = 57.47\ (\text{kcal/kg } HNO_3)$$

硫酸硝酸混合比 $x = \dfrac{x_{H_2SO_4}}{x_{H_2SO_4}+x_{HNO_3}}$

$$= 59.6/(59.6+20) = 0.75$$

$$q_{原} = \frac{q_1-q_2}{q_1-x(q_1-q_2)}$$

$$= \frac{87.76-57.47}{87.76-0.75(87.76-57.47)} = 0.47\ (\text{kcal/kg 混酸})$$

② 反应后剩酸的无限稀释热 q'：反应后剩酸的含水量 30.1%，即 $n = 30.1$，因此有

对于硫酸部分 $q_1' = 183 - \dfrac{324n}{49+n}$

$$= 183 - \frac{324 \times 30.1}{49+30.1} = 59.71\ (\text{kcal/kg } H_2SO_4)$$

对于硝酸部分 $q_2' = 111 - \dfrac{312n}{98.5+n}$

$$= 111 - \frac{312 \times 30.1}{98.5+30.1} = 37.97\ (\text{kcal/kg } HNO_3)$$

硫酸硝酸混合比 $x' = \dfrac{x'_{H_2SO_4}}{x'_{H_2SO_4}+x'_{HNO_3}}$

$$= 69.3/(69.3+0.6) = 0.99$$

$$q_{剩} = \frac{q_1'-q_2'}{q_1'-x(q_1'-q_2')}$$

$$= \frac{59.71-37.97}{59.71-0.99(59.71-37.97)} = 0.57\ (\text{kcal/kg 剩酸})$$

③ 参加反应的硝酸的无限稀释热：

$$q_{反} = 111 - \frac{312n}{98.5+n} = 111\ (\text{kcal/kg } HNO_3)$$

根据式（3-28）得

$$Q_{物理} = 5\,000 \times 0.47 - 975 \times 111 - 4\,300 \times 0.57 = -108\,326\ (\text{kcal})$$

$$Q_3 = Q_{化学} + Q_{物理}$$

$$= 581\,585 - 108\,326 = 473\,259\ (\text{kcal})$$

$$Q_2 = Q_4 - Q_1 - Q_3$$

$$= 269\,280 - 93\,500 - 473\,259 = -297\,479\ (\text{kcal})$$

结果是负值，表示有系统放热，即每小时必须移走 297 479 kcal 的热量，才能保证硝化反应在规定的条件下进行。

需要注意的是上面这个例子中未考虑副反应的影响，比如多硝化反应等。

3.4 公用工程耗量

根据设备热量衡算的计算结果所得出的 Q_2 值，就可以确定传入设备或从设备移走的热量，由此可进一步确定加热剂或冷却剂的用量。

在精细化工生产中，常常会用压缩空气进行搅拌、压送物料、压滤等以及用真空进行负压操作、抽吸物料、过滤等，对它们的用量也需进行计算。这不仅为核算装置或单体各项单耗所需，也为合理地选择设备提供技术依据。

3.4.1 水或其他冷却剂的消耗量

常用的冷却剂有水、冷冻盐水和空气，它们的消耗量可统一按下式求取：

$$G = \frac{Q_2}{C_p(t_i - t_0)} \tag{3-30}$$

式中：G——冷却剂耗量，kg；

C_p——冷却剂的平均定压比热容，kcal/(kg·℃)；

t_i——冷却剂的最初温度，℃；

t_0——冷却剂的最终温度，℃。

水和空气的定压比热受温度的影响比较小，一般情况下，水的定压比热容我们取 1 kcal/(kg · ℃)，空气的定压比热容取 0.24 kcal/(kg · ℃)。氯化钠水溶液的温度和浓度对定压比热容有一定程度的影响，在工程计算上需要考虑进去。见表 3-13。

表 3-13　氯化钠水溶液的热容一览

氯化钠质量分数 /%	热容 /[kcal · (kg · ℃)$^{-1}$]				
	0℃	10℃	20℃	30℃	50℃
2	0.966	0.969	0.973	0.977	0.983
10	0.886	0.889	0.893	0.895	0.900
18	0.826	0.829	0.832	0.834	0.838
26	0.777	0.779	0.780	0.783	0.786

3.4.2　水蒸汽的消耗量

(1) 间接蒸汽加热时的蒸汽消耗量

$$G_s = \frac{Q_2}{(I-t_c)\eta} \tag{3-31}$$

式中：G_s——蒸汽消耗量，kg；

Q_2——蒸汽传递出的热量，kcal；

I——蒸汽的焓值，kcal/kg；

t_c——冷凝水的温度，℃；

η——热效率系数，保温设备取值 0.97 ~ 0.98，不保温设备取值 0.93 ~ 0.95。

(2) 直接蒸汽加热时的蒸汽消耗量

$$G_s = \frac{Q_2}{(I-t_0)\eta} \tag{3-32}$$

式中：t_0——被加热液体的最终温度，℃；

3.4.3　压缩空气的消耗量

一般压缩空气的消耗量均折算成每单位时间耗用常压空气的体积，以

m^3/h（1 绝对大气压）表示，因之在计算中只需求出压缩空气的体积和压强。

3.4.3.1 压送液体物料时压缩空气的耗量

此时压缩空气的消耗量分两种情况来考虑。

（1）设备中的液体在一次操作中全部压完（已折算成 1 绝对大气压的压缩空气）

① 一次操作所需的压缩空气消耗量：

$$V_{ut} = V_e p \tag{3-33}$$

式中：V_{ut}——一次操作压缩空气消耗量，m^3/ 次；

V_e——设备容积，mm^3；

p——压缩空气在设备内建立的压强，kg/cm^2。

② 日操作的压缩空气消耗量：

$$V_{ud} = nV_e p \tag{3-34}$$

式中：V_{ud}——日压缩空气消耗量，m^3/d；

n——每昼夜压送批数。

③ 小时操作的压缩空气消耗量：

$$V_{uh} = \frac{V_e p}{\tau} \tag{3-35}$$

式中：V_{uh}——小时压缩空气消耗量，m^3/h；

τ——每次压送时间，h。

（2）设备中的液体仅压出一部分（不完全压空，已折算成 1 绝对大气压的压缩空气）

① 一次操作所需的压缩空气消耗量：

$$V_{ut} = [V_e(1-\varphi)+V_l]p \tag{3-36}$$

式中：φ——设备的装料系数；

V_l——一次压出的液体体积，m^3。

② 日操作的压缩空气消耗量：

$$V_{ud} = [V_e(1-\varphi)+V_l]np \tag{3-37}$$

③ 小时操作的压缩空气消耗量：

$$V_{uh} = \frac{V_e(1-\varphi)+V_l}{\tau}p \tag{3-38}$$

（3）压料所需的最小压强

压送物料时，压缩空气在设备内的最小压强可按下式计算。

$$p = 0.000\,1\left[H\rho+\frac{\rho u^2}{2g}(1+\Sigma\xi)+p_0\right] \tag{3-39}$$

式中：p——压缩空气压强，kg/m^2；

p_0——液体上空的压强，kg/m^2；

H——压送静压高度，即设备间的垂直距离，m；

u——管内液体的线速度，m/s；

g——9.81，m/s^2；

ξ——阻力系数；

ρ——液体密度，kg/m^3。

利用上式计算时，压送高度是已知的，而压头损失需要进行计算，为简化计，压头损失一般可取压送静压高度的 20% ~ 50%。

例：今欲将硫酸从硫酸贮槽压送到高位槽，已知贮槽的容积 10 000 L，装料系数为 0.8，高位槽的工作容积 1 000 L，一批压料时间为 30 min，压料时的压强为 3 大气压，每昼夜压料次数为 5，求压缩空气的消耗量。

解：压送一批硫酸的压缩空气平均耗量

$$\begin{aligned} V_{ut} &= [V_e(1-\varphi)+V_l]p \\ &= [10(1-0.8)+1]\times 3 \\ &= 9\ (m^3/次) \end{aligned}$$

小时平均耗量

$$V_{uh\text{平均}} = V_{ut}/\tau = 9/0.5 = 18\ (m^3/h)$$

小时最大耗量

$$V_{uh\max} = (V_e/\tau)\,p$$
$$= (10/0.5) \times 3 = 60\ (m^3/h)$$

日耗量

$$V_{ud} = nV_{ut}$$
$$= 9 \times 5 = 45\ (m^3/d)$$

3.4.3.2　搅拌物料时所需压缩空气量

当向容积式容器内的物料通入压缩空气，利用高速气流搅拌液体物料时，压缩空气的压强要能够克服管道阻力和被搅拌液体的液柱阻力。为计算方便，我们将管路阻力按液柱高度的20%计，则压缩空气的最低压强为：

$$p = 1.16 \times 10^{-4}\rho h + p_0 \qquad (3-40)$$

式中：p——压缩空气压强，kg/m^2；

p_0——液体上空的压强，kg/m^2；

ρ——液体的密度，kg/m^3；

h——液体的液柱高度，m。

以常压下的空气体积计，一次操作所需压缩空气消耗量为

$$V_{ut} = KA\tau p \qquad (3-41)$$

式中：V_{ut}——一次操作压缩空气消耗量，m^3/次；

K——搅拌强度系数，低强度搅拌取值24，中等强度搅拌取值48，强烈搅拌取值60；

A——被搅拌液体的横截面积，m^2；

τ——一次搅拌的操作时间，h。

3.4.4　真空的抽气量

3.4.4.1　抽送液体物料

（1）一次抽吸操作所需的抽气量

$$V_{ut} = V_e\left(-\ln p_k\right) \tag{3-42}$$

式中：V_{ut}——真空抽气量，m^3/ 次；

V_e——设备容积，m^3；

p_k——设备中的余压（绝对压力），kg/m^2。

（2）日抽吸操作所需的抽气量

$$V_{ud} = nV_e(-\ln p_k) \tag{3-43}$$

式中：V_{ud}——真空抽气量，m^3/d；

n——每昼夜操作次数。

（3）小时抽吸操作所需的抽气量

$$V_{uh} = V_e\left(-\ln p_k\right)/\tau \tag{3-44}$$

式中：V_{uh}——真空抽气量，m^3/h；

τ——每次操作所需时间，h。

例：试计算从储槽向反应设备抽送物料时所需的抽气量。已知反应设备的容积 5 000 L，抽送时设备中的剩压为 0.1 大气压，每昼夜抽送的批数为 6，每批抽送时间为 0.5 小时。

解：一批操作

$$V_{ut} = 5\left(-\ln 0.1\right) = 11.5\left(m^3\right)$$

每昼夜

$$V_{ud} = 6 \times 11.5 = 69\left(m^3\right)$$

每小时

$$V_{uh} = 11.5/0.5 = 23\left(m^3\right)$$

3.4.4.2　真空抽滤

一次抽吸操作所需的抽气量：

$$V_{ut} = CF\tau \tag{3-45}$$

式中：V_{ut}——真空抽气量，m^3/ 次；

F——真空过滤器的过滤面积，m^2；

C——经验常数，取值为 15 ~ 18；

τ—— 一次抽滤操作持续的时间，h。

日抽气量和小时抽气量请参考真空抽吸液体公式计算。

3.4.4.3 建立真空的抽气量

建立真空时的小时抽气量

$$V_u = \frac{V_u}{\tau} \ln \frac{p_1}{p_2} \qquad (3-46)$$

式中：V_u——小时抽气量，m^3/h；

V_e——容器的容积，m^3；

τ——抽气时间，h；

p_1——容器内的最初压强，Pa；

p_2——容器内的最终压强，Pa。

例：一只 2 m^3 的容器，用真空泵在 20 min 之内，将容器内的内压从 760 mmHg 抽到 3 mmHg（剩压），求真空泵的排气量（不计抽气阶段的泄漏量）。

解：$V_u = \dfrac{2}{\frac{1}{3}} \ln \dfrac{760}{3} = 33.24$（$nm^3/h$）

3.4.4.4 维持真空的抽气量

对于绝对密闭的设备，在建立真空后，不需要再进行抽气就能维持设备的真空度。但事实上由于各种密封件、管件、阀件等的存在，造成气体泄漏的条件，为了维持真空，必须继续抽气以抵消这部分泄漏量。对于包括设备和管道在内的真空系统（没有搅拌器），如果已知总体积为 V_1，则可按图 3-4 找出最大允许的空气泄漏量 V_2。对于有其他的密封件时，则可以按表 3-14 来估计。

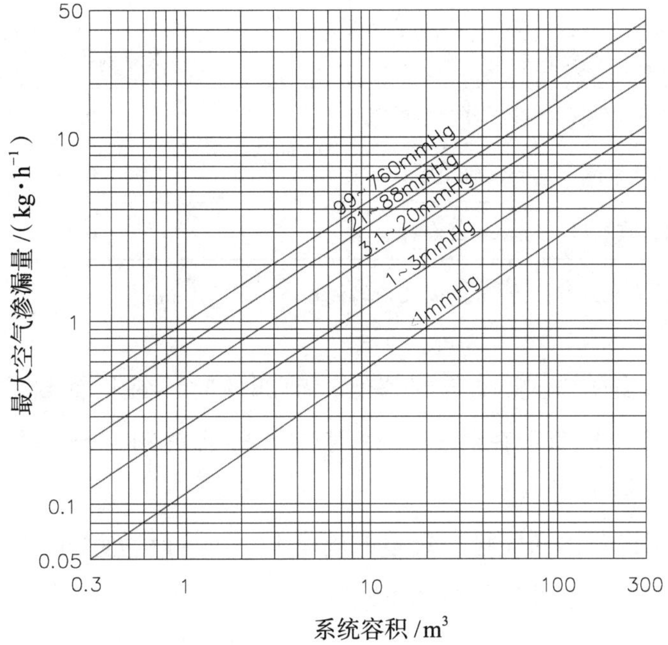

图 3-4　无搅拌密闭系统内所允许的最大空气渗漏量

表 3-14　真空系统装置中渗漏的空气量估计值

连接件名称	平均渗漏量 V /(kg·h^{-1})
丝扣连接 $D_n \leqslant 50$	0.045
丝扣连接 $D_n \geqslant 50$	0.091
法兰连接 $D_n \leqslant 150$	0.227
法兰连接 $150 \leqslant D_n < 600$（包括人孔）	0.363
法兰连接 $600 \leqslant D_n < 1\,800$	0.50
带密封圈的阀门，阀杆直径 $d < 15$	0.227
带密封圈的阀门，阀杆直径 $d > 15$	0.454
视镜	0.45
玻璃液位计（包括旋塞）	0.91

（续表）

连接件名称	平均渗漏量 V/(kg·h^{-1})
带有液封填料函的搅拌器、泵的轴	0.136
普通填料函，每 mm 轴直径计	0.027
安全阀、放气口，每 mm 公称直径计	0.018

注：D_n 表示公称直径，单位为 mm；d 表示阀杆直径，单位为 mm。

当真空系统内有搅拌器或其他转动部件时，每只轴封的空气渗漏量一般取为 2.3 kg/h。在轴封严密时，每只轴封的空气渗漏量可降到 0.5 ~ 1 kg/h，甚至更小。

然后根据设备的密闭性、装量的规模大小，乘以适宜的系数。

维持真空所需的抽气量可用下式计算

$$G_a = K(G_1+G_2) \tag{3-47}$$

式中：G_a——真空系统的气体泄漏量，kg/h；

G_1——由真空设备容积确定的气体泄漏量，kg/h；

G_2——真空系统中各连接件的气体泄漏量，kg/h；

K——校正系数。对于密闭性较好的小型装置，K 值可取 0.5 ~ 0.75；对于维护不好、检修频繁及有腐蚀的装置，K 值可取 2 ~ 3。

3.4.4.5　真空干燥和真空蒸馏

工程上可按经验数据计算，在真空干燥和真空蒸馏设备中，每产生 1 kg 蒸气，则应抽走 0.1 ~ 0.2 m^3 的空气。

3.4.5　能量消耗

通过上述计算，即可得出每吨产品的动力消耗定额、每小时最大用量、每昼夜用量和年消耗量。

在汇总各设备的动力消耗量，得出装置（车间）总消耗量时，需考虑损耗，一般采用将所得的能耗值再乘以适当的能耗系数。常用的能耗系数见表 3–15。

表 3–15　常用的能耗系数

名称	能耗系数
蒸汽	1.25
水	1.20
压缩空气	1.30
真空	1.30
冷冻盐水	1.20

通过以上各步计算，即可确定单位产品的各种能量消耗定额以及小时最大量、日耗量、年耗量等数据，最后编辑得出动力消耗综合表，见表 3–16。

表 3–16　动力消耗综合

序号	名称	规格	单位	吨产品消耗	最大小时用量	日耗量	年耗量	备注
1								
2								
…								

第4章　区域与空间布置设计

前面流程设计时我们提到能完成整批次的产品线的概念，其对应的空间概念是一个或几个区域、空间，是一个物理实体和地理区域，我们在项目中通常称其为单体、装置或车间等，这是我们进行项目布置设计的起点。例如奥利司他原料药生产线（区）、抗体药生产线（区）等，我们将一个或几个产品产线（区）与其配套的公用工程设施、消防安全设施、技术质量设施和行政生活设施组合在一起就是一个奥利司他原料药工厂项目或抗体药工厂项目。我们下面要讨论的内容就是如何开展这样的工厂项目的布置设计。

4.1　车间（装置）布置

对车间（装置）的基本工序、辅助工序、生产服务部门、设施、设备、仓贮、通道等在空间和平面上的相互位置进行确定并满足人体工程学要求的统筹安排就是车间布置。车间布置的目标是在最有效地利用物理空间和地理地域的同时，满足该物理空间的通风和防火防爆、安全运行的要求。

化学合成原料药项目的车间布置有多种手段和形式。从平面布置的角度出发，有行列式布局和贯中式布局以及混合布局三种形式；从立面布置看，有单层和多层两种形式，由于考虑到安全和救援的问题，我国暂时还没有放开甲类高层建筑设施的建设。在具体项目布置上要根据项目生产工艺要求、设备大小和型式以及安全消防、环保卫生等方面的具体要求进行具体的分析和研判，来确定拟建项目单体工程所采用的布置形式，确保科学性、合理性都能得到兼顾和平衡。

4.1.1 工艺要求与布置

化学合成原料药车间（装置）的生产过程是由具体产品工艺确定的，它主要体现在工艺流程图（P&ID 图、PFD 图、管道表、工艺说明书）和工艺设备表（设备规格表、机泵规格表、安全阀规格表）等方面。车间（装置）布置设计要以此为依据进行布置。

表达车间（装置）的布置内容的设计文件主要是车间（装置）设备布置图，见附录 B.5。在进行制药工业车间（装置）的空间功能布置时，一般会在设备布置图的基础上，绘制单体的区域功能图，其设计文件是综合平面布置图，见附录 B.6。综合平面布置图要求有如下几点：

① 对单体内的人流、物流进行规划设计，基本要求是尽量避免混杂和交叉。

② 对单体内的区域洁净级别和防火防爆级别进行设计分割，基本要求是梯次保护和最大限度地规整合并同类级别的区域，尽量避免交叉混杂布置。

③ 在满足用户需求和单体建设功能要求的基础上，尽量减低高级别的洁净区和高级别的危险区域的空间安排，降低项目建设的投资水平和提高项目建设的安全水平。

4.1.2 建筑规划要求与布置

要做好化学合成原料药的建筑设计，首先要对生产工艺、空间与平面特征、外部交通及配套设施的分布等基础条件进行分析，本着生产便捷高效、建筑安全可靠的原则进行设计。

在建筑设计中，一方面要做到整个生产工艺的连贯、流畅，保证生产所需的建筑环境要求，另一方面采用必要的技术措施和方法来预防建筑火灾和减少建筑火灾危害、保护人身和财产安全。在设计中，设计师既要根据建筑物的使用功能、空间与平面特征和使用人员的特点，采取提高本质安全的工艺防火措施和控制火源的措施，防止发生火灾，又要合理确定建筑物的平面布局、耐火等级和构件的耐火极限，进行必要的防火分隔，设置合理的安全疏散设施与有效的灭火、报警与防排烟等设施，以控制和扑灭火灾，实现保护人身安全、减少火灾危害的目的。

化学合成原料药生产过程中一般会用到易燃易爆品，其生产的火灾危险性类别为甲类。甲类生产具有易燃、易爆的特性，容易发生火灾和爆炸，疏散和救援困难，如层数多则更难扑救，严重者对结构有严重破坏，造成较大的人员伤害及经济损失，因此我国相关规范要求，甲类生产厂房宜为单层，如工艺需要也可设计成多层的厂房，有爆炸危险的部位应放在最上面一层，甲类厂房不得设计成高层厂房，甲类生产场所也不应设置在地下及半地下。

化学合成原料药厂房的耐火等级不应低于二级，防火分区的划分较其他性质的生产厂房也更加严格，如耐火等级一级的单层厂房最大防火分区面积可做到 4 000 m^2，二级耐火等级的单层厂房最大防火分区面积可以做到 3 000 m^2，而多层厂房较相应耐火等级的单层厂房防火分区面积则减少 1 000 m^2，防火分区之间必须用防火墙分隔，厂房的疏散距离单层为 30 m，多层为 25 m。甲类厂房内的装饰装修材料的燃烧性能等级必须都为 A 级。

化学合成原料药厂房中有爆炸危险的部位应设置泄压设施，泄压设施宜采用轻质屋面板、轻质墙体和易于泄压的门、窗等，应采用安全玻璃等在爆炸时不产生尖锐碎片的材料，泄压设施的设置应避开人员密集场所和主要交通道路，并宜靠近有爆炸危险的部位，作为泄压设施的轻质屋面板和墙体的质量不宜大于 60 kg/m^2；散发较空气轻的可燃气体、可燃蒸汽的甲类厂房，宜采用轻质屋面板作为泄压面积，顶棚应尽量平整、无死角，厂房上部空间应通风良好；散发较空气重的可燃气体、可燃蒸汽的甲类厂房，地面应采用不发火花的材料，采用绝缘材料作整体面层时，应采取防静电措施；有爆炸危险的甲、乙类生产部位，宜布置在单层厂房靠外墙的泄压设施或多层厂房顶层靠外墙的泄压设施附近。

在平面功能布局上应注意，像办公室、休息室等不应设置在甲类厂房内，确需贴邻厂房时，其耐火等级不应低于二级，并应采用耐火极限不低于 3 h 的防火防爆墙与厂房分隔且应设置独立的安全出口；控制室、配电室不应设置在甲类厂房内或贴邻，供甲类厂房专用的 10 kV 及以下的变、配电站，当采用无门、窗、洞口的防火墙分隔时，可一面贴邻，并应符合现行国家标准《爆炸危险环境电力装置设计规范》等的规定。如厂房内有不同的火灾危险性类别的生产时，不同生产类别生产之间应采用防火隔墙分隔。建筑平面上厂房宽度不宜过大，一般控制在 30 m 以下，宽度过大时其泄爆、安全疏散一般较难满足规范的要求。

化学合成原料药工程设计以实用为主，重点考虑其经济性的原则是合理的，但随着国家经济的发展和企业实力的提升，越来越多的企业开始重视企业形象，除能给常年工作在此的人员以良好的心理感受外，外观标志性的美也是运营单位非常好的实物广告。

4.1.3 安全要求与布置

4.1.3.1 通用要求

在化学合成原料药装置中，由于可燃物质的泄漏，可能与空气混合而形成爆炸混合物，而生产车间（装置）内又有许多电气设备、电气仪表，如果其产生火花，则将引起已形成的爆炸混合物的爆炸，此外单体内还可能有明火加热炉和温度很高的炽热设备，也会引起爆炸混合物的爆炸。为解决这一问题，一般首先需要将区域内的点燃源、释放源进行分区分类，并据此引导整个项目有针对性地处理它们之间的关系，来解决这一问题。

4.1.3.2 爆炸环境分类与爆炸区域的划分

对装置中可能出现的爆炸性环境场所进行分析和分类，是正确使用和选择设备，从而使生产安全运行的方法。在使用可燃性物质的场合，要保证爆炸性环境不出现是困难的，让装置内的各种设备都不成为点燃源也是不现实的。因此，在可能出现爆炸性环境的场合，合理地使用高性能设备和降低爆炸性环境出现的可能性，都是我们在布置设计中需要考虑的问题。

爆炸环境分类见表 4-1。爆炸区域的划分如图 4-1 所示、见表 4-2。

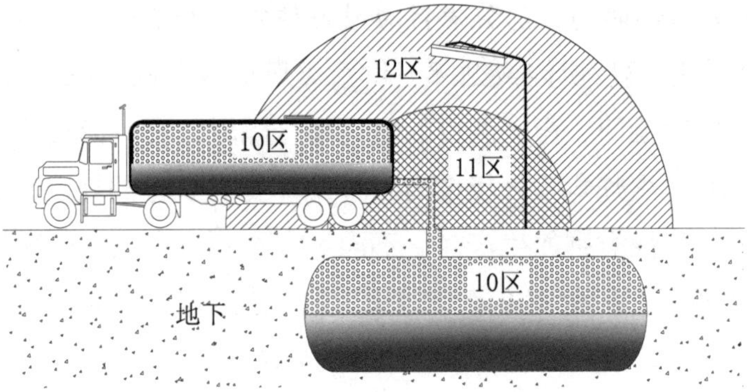

图 4-1　爆炸区域划分示意

表 4-1　爆炸环境分类

环境类别	适用范围	类别	可燃物质说明与举例
Ⅰ	煤矿工程	Ⅰ	甲烷（CH_4）
Ⅱ	非煤工程（工厂环境）	ⅡA	丙烷（C_3H_8）
		ⅡB	乙烯（C_2H_4）、乙炔（C_2H_2）
		ⅡC	氢气（H_2）
Ⅲ	非煤工程（工厂环境）	ⅢA	可燃性飞絮（木屑）
		ⅢB	非导电性粉尘（淀粉、塑料粉末）
		ⅢC	导电性粉尘（镁粉、铝粉）

表 4-2　爆炸区域的划分

区域类别	区域环境说明
10	连续出现或长期出现爆炸性气体混合物的环境
11	在正常运行时可能出现爆炸性气体混合物的环境
12	在正常运行时不太可能出现爆炸性气体混合物的环境，或即使出现也仅是短时存在爆炸性气体混合物的环境（只有故障状态下才有可能出现）
20	空气中的可燃性粉尘云持续地或长期地或频繁地出现于爆炸性环境中的区域
21	在正常运行时，空气中的可燃性粉尘云很可能偶尔出现于爆炸性环境中的区域

（续表）

区域类别	区域环境说明
22	在正常运行时，空气中的可燃粉尘云一般不可能出现于爆炸性粉尘环境中的区域，即使出现，持续时间也是短暂的（只有故障状态下才有可能出现）

注：火药工程、炸药工程和医疗工程以及灾难性事故等的危险环境不属于上面二表的讨论范围。

4.1.3.3　防爆的技术手段及方法

点燃源、释放源（可燃气体、粉尘等）和氧化剂（空气、氧气等）是发生爆燃的三个基本条件，在工程设计上，如何解决防火防爆的问题，需要从这三个方面入手，主要采取的措施有以下几个方面。

（1）努力消除危险环境，建立本质安全工程

改革改进生产工艺，寻找危化品的替代产品或改进产品工艺，使其不具有危险性。例如惰化释放源的工艺，在无菌医疗器械产品生产中，采用的环氧乙烷气体灭菌工艺，就是通过对其进行钝化处理，使其不具有爆燃性质，做到本质安全生产。

改善环境，严格管理危化品的废弃物，及时清理室内积尘和采取科学合理的通风措施，并保持环境的合理湿度，使粉尘爆炸缺少前提条件，也是实现本质安全生产的有效措施。

（2）控制点燃源，阻止危险环境的形成

布置设计中应尽可能限制和缩小危险区的范围，例如将 0 区和 1 区在数量上或范围上减至最小，换句话说，就是要通过工程设计或操作管理，让工厂的生产活动和设备大部分处于 2 区或非危险区。将不同等级的爆炸危险以及它与非爆炸危险区分隔在各自的空间或界区内，爆炸危险区的设备布置尽可能采用露天或半露天布置，保持区域内空气流通，让释放的爆炸危险物质的浓度始终保持在爆炸下限以下。在可能释放和容易积聚爆炸性气体、蒸汽或薄雾的空间点位，设置测量和报警装置，一般设定为气体爆炸浓度下限的一半，以便可靠地发出报警信号。这些都是在实践中被证明行之有效的方法。

设备的热表面、火焰和灼热气体、机械火花、静电火花等是我们在工程实践中经常遇到的点燃源。通过提高设备性能和采取隔温隔热措施，降低点燃源在易燃易爆环境中出现的可能性，来提高生产的安全性，是我们在实践经常采用的措施。

（3）减轻爆炸的影响

设置能够承受爆炸的设施，对爆炸能量进行科学的释放。工程上通常在爆炸区域设置抗爆墙的同时设置足够合理的泄爆面，来保护人员的安全和降低装置的被破坏程度。对爆炸进行抑制也是我们设计中考虑的选项，由于使用成本高，一般只用在管道爆炸控制或不能使用泄爆技术的设施上，以切断系统由燃烧向爆轰的转变。另外，限制爆炸的传播的方法使用也比较多，通常采用隔爆阀等措施。

（4）管理措施和安全软件的应用

合理地进行危险区域划分，科学地确定保护措施等级，有效地运用安全管理措施和应用软件来服务于安全生产管理也是我们的有效措施的一环。

4.2 总平面与竖向设计

4.2.1 总平面布置

总平面布置通常是指厂区总平面布置，有时也指区域总平面布置，包括多个工厂组成的区域（例如各种产业园）和厂区的一部分区域（例如项目分期征地或分期实施的情况）总平面布置。总平面布置首先要满足项目生产工艺流程、生产操作、检修等要求；其次要结合地形、风向、地质、交通等条件因地制宜进行布置，重点结合风向频率图，形成“绿蓝灰黑”的布局格式，即将污染重、腐蚀性强的布置到黑区，将绿色工艺、有本质安全的布置到绿区，布置之前要将区域内各设施分门别类进行整理划分，然后进行分区布置；再次，厂区内交通系统流线设计要做到清污分流，在保证厂区内环境的同时也必须维护好厂区周边环境；最后就是要重视热动平衡，力求节能降耗，满足安全、环保、消防、卫生等相关要求。

对于分期建设的工厂，近远期工程要统一规划，做到节约用地，张弛有度，合理预留。近期工程要集中、紧凑、合理布置，与远期工程合理衔接，做好集中预留。当在厂内或园区内预留发展用地时，应有可靠的依据，防止规划无法落地的问题。参见附录 B.1。

我国的地理特点是地形多种多样，山区面积广大，沟壑和湖泊众多，在建设项目征用土地时，经常会遇到各种各样的地块，很多地块由于自然条件的限制和前期地域地貌的使用已经成型，会存在一些影响使用的问题，有一些还存在安全隐患，并有可能会影响后期项目运行和管理，所以在进行总平面布置设计时，要依据国家的法律法规和业主单位的使用要求，给予科学有效的处理。反弓路和前满后空等地理地势是建设用地经常遇到的情况，大部分影响不是很明显，因此一般也就不做特别处理。

下面我们就反弓路的例子，来说明一下这方面的问题，供大家学习参考。

项目征地 4 hm^2，厂区平面形状为矩形，单边贴近市政公路（国家干线公路网），设计时速 80 km/h，厂区附近公路路面距离公路两边自然地坪有 2 ~ 3 m 的高差，公路对建设用地的影响（主要是光污染和惯性冲撞危险）主要是从 M 点到 K 点这一段，转角范围为 $\alpha \approx 45°$，从图 4–2 看，基本影响项目整个厂前区，因此需要给予特别考虑。为保证市政公路的继续正常使用，并尽可能不影响项目厂前区的使用，我们采用了三叉转角引路进厂的方案，来减少和消除公路车辆通行对厂区的影响，同时辅以绿化和景观保护，进一步降低反弓路上的通行车辆对项目的影响，如图 4–3 所示。需要强调的是，在实际操作当中，我们要尽可能地加大三叉转角的转弯半径，半径越大，对消除反弓路的影响就越有效。

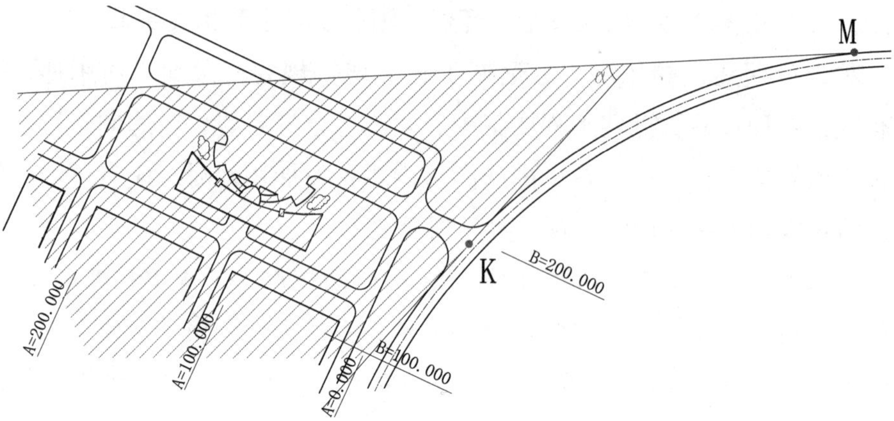

图 4-2　反弓路对厂区布置的影响示意

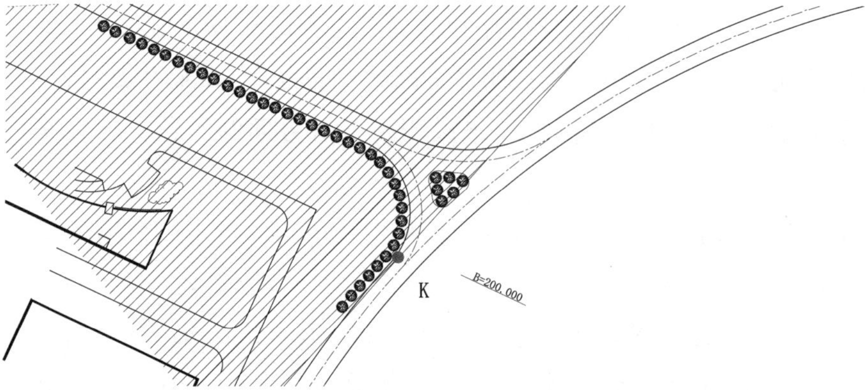

图 4-3　反弓路对厂区布置的影响处理方式示意

4.2.2　竖向布置与总图运输

4.2.2.1　竖向布置

厂区外部需要考虑的有当地城镇规划、园区总体规划及布置要求，结合地形、地质条件，合理确定厂区标高，与厂区外部现有和规划的各类设施、运输线路、排水系统及周围标高相协调，拟建场地还要考虑洪水、潮水及内涝水的影响和威胁。

厂区内部需要考虑的有满足工艺流程对高程的要求，满足运输及排水要求，结合自然地形，尽量减少土方及支挡防护工程量，经技术经济比较后择优确定设计方案。在山区或丘陵地区建设应防止产生滑坡、塌方，并应保护植被，防止水土流失。

竖向布置有平坡式或台阶式两种方式。平坡式适用于场地自然坡度不大于 1% 的厂区，或场地自然坡度为 1.0% ~ 2.0% 且其宽度不大于 500 m 的厂区，或自然地形为破碎的微丘地区的厂区。

台阶式适用于场地自然坡度大于 2% 的厂区，或有特殊要求的地段（工艺要求、道路交通或边坡防护需要）。

4.2.2.2　土（石）方估算

（1）土（石）方平衡要求

填方与挖方量宜基本平衡，除包括场地平整的土石方量外，还应包括厂区铁路、道路、建筑物、构筑物和设备基础、管线沟槽和排水沟等工程的土石方量，以及表土的清除量与回填利用量，并应计算其松散量和压缩量。厂内不平衡时，可与厂外设施等统一计算。厂区附近有弃土或取土条件，技术经济也比较合理时，不强求项目本身填方和挖方量的平衡。厂区内暂不使用的填方地段，当土源不足时，可暂缓填筑，待投产后可利用适于填筑场地的生产废渣逐步回填。

（2）土（石）方计算方法

地形简单地段宜采用方格网法进行计算，地形复杂地段宜采用断面法计算。方格网边长或断面间距根据设计阶段、地形复杂程度、场地大小、计算精度等综合确定，一般为 20 ~ 50 m。

4.2.2.3　总图运输

（1）运输组织

人物分流：厂区人流和物流要合理划分。

物物分流：按不同货物类别、运输量和运输方式，在条件允许的情况下可分开设置物流口，安排运输路线。

黑白分流：有污染的大宗原燃料煤和包装后比较干净的产品的运输线路及出入口宜分开设置。

危化品运输：靠近厂区边缘，道路纵坡不大于 6%。

（2）合理确定仓储设施和装卸设施位置

宜按不同类别相对集中布置，并宜靠近有关单体和运输路线；符合防火、防爆、安全、卫生的规定。仓储设施设置要求见表 4-3。

表 4-3　仓储设施设置要求一览

物料特点	物料举例	设施设置要求
易散发粉尘的	药用淀粉	布置在全年最小风频的上风侧和厂区边缘；酸库、液氯储罐等要布置在地势较低处；有毒液体储存设施如液氯等与人员集中活动场所边缘应有足够的距离
易燃可燃液体	乙醇、丙酮	
高腐蚀性	硫酸、烧碱	
毒性物质	液氨、液氯	
高活性固体物品	电石、金属钠	应布置在地势较高处，防止受潮和水淹
公用仓库		按性质分类储存，集中布置在运输方便的地方
废弃物	不合格产品、废包装物	厂内普通废弃物堆场宜布置在厂区边缘，以不影响厂容为宜；管控废弃物要有防盗等安全措施

4.3　总图布置案例

（1）业主需求（URS）

本项目为华南地区某制药制造基地项目，厂区内拟建化药原料厂房（甲类生产）、制剂厂房及生产配套的仓库、储罐区、动力中心、研发质检大楼、员工生活服务楼等设施。厂区总图一次规划设计，工程建设分步实施，厂区规划设计要有弹性、前瞻性、满足产品多样性的生产需求，其中化药原料产品除满足市场需求外，还考虑企业自用的要求。

（2）基础资料分析

首先对业主提供的用地红线图、现状图、园区配套设施情况、气象条件进行汇总分析，同时对项目进行实地勘察调研。项目用地的东、西、南侧为市政道路，北侧为其他工业企业用地，其中用地西侧为主要交通干道，其他道路为园区一般道路。项目用地东侧为低矮丘陵，整体地势南高北低、东高西低，地势较为平坦。项目所在地夏季以东南风为主导风向，冬季以东北风为主导风向。

（3）布局解析设计

结合内外部情况确定厂区的人、物流方位。对市政道路交通环境分析后，将人流入口设置在厂区南侧中心位置，并以此为南北向的主轴。厂区内部根据主轴位置、功能关系、近远期规划等合理布置。物流入口设置在厂区东侧，人、物流入口的分散布置，能够很大程度上提高交通效率，避免人、物流交叉，减轻厂区内外的交通压力。人流入口周边设计有停车泊位，供职工及外来临时车辆停车使用。靠近人流入口设置厂区标志性建筑研发质检大楼，大楼东侧为职工生活辅助用房，西侧为丙类厂房及仓库，再向北为丙类厂房、丙类仓库，最北侧为化药原料厂房，化药原料厂房东侧为配套的储罐区及危险品仓库，西侧为污水处理站及动力区。由于物流出口在用地的东侧，故物流入口周边布置与外界联系密切的仓储区、储罐区等。危险品仓库、储罐区主要为化药原料厂房服务，故化药原料厂房宜靠近其布置，相应的污水处理站、动力区也靠近化药原料厂房布置。场地设计采用平坡式，厂区雨、污管网自东南角起排向西北角的污水处理站。

（4）安全设计

化药原料厂房这类有爆炸危险的厂房，在整体规划设计时，要根据建筑物内有爆炸危险的生产工序、生产品种、生产特征、危险程度等因素，确定建筑物的危险等级后进行分区规划，将同等危险性的建筑布置在一起。有爆炸危险的厂房与周围道路、周边建筑、周边设施的防火间距满足规范的相关要求，是保证安全的重要举措。本项目一期建设主要围绕化药原料厂房进行设计，满足化药原料厂房的正常生产需求，如化药原料厂房、储罐区、危险品仓库、综合库、动力区、污水处理站、消防设施等，其中污水处理站、动力区、储罐区、危险品仓库要满足全厂未来发展的需要。

相关设施布局如图 4-4 所示。

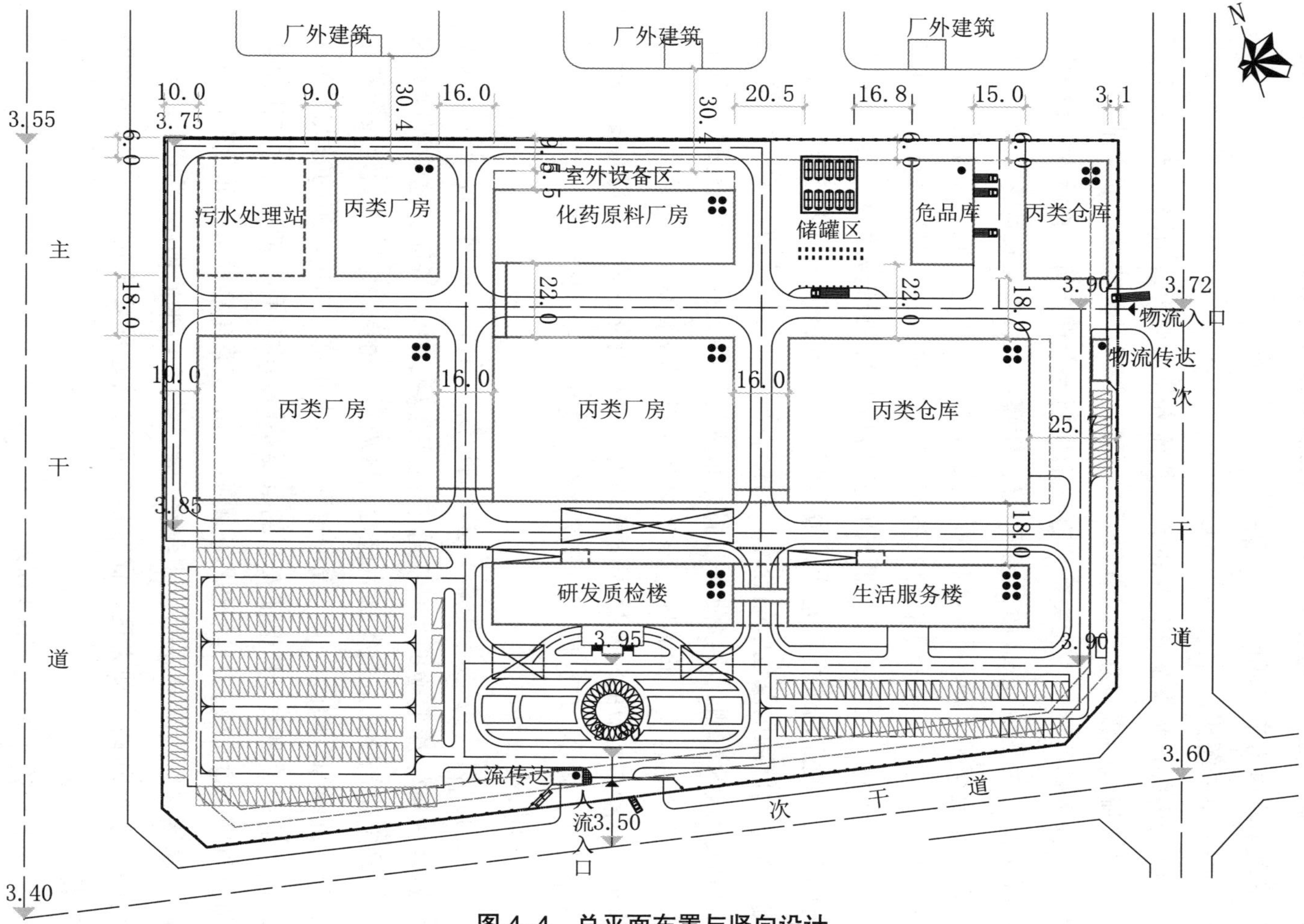

图 4-4　总平面布置与竖向设计

第5章　管道工程设计

5.1　管道设计方法

在工程设计的初步阶段，包括初步设计和基础工程设计，是根据初步估算的数值来选择管径，以满足管道规划图（PSD）和管道仪表流程图（P&ID）初版的设计要求。进入施工图设计阶段时，管道工程设计有两方面的工作：其一是依据工艺流程图（PFD）和工艺控制图（PCD）来完成管道仪表流程图（P&ID）的设计，并根据管道规划图（PSD）和流体的腐蚀性以及流量值，来确定管子材料与管径，然后根据介质性质及工艺操作特点，选用合适的管件和阀门，这部分工作通常由工艺系统工程师主导完成；其二是管道安装设计，即根据工艺设备布置图和管道仪表流程图（P&ID）来完成管道的空间位置确定和管件、阀门的空间位置确定，这部分工作通常由管道机械工程师主导完成。

5.1.1　管径的计算和选择

从理论上来说，在初选管径时，应该采用经济管径的计算方法。提出这方面的计算公式是可能的，但实际工作运用时有一定困难。作为工艺系统工程师，建立采用经济管径的概念也是十分重要的，管径选择时需要做统筹考虑，主要有以下几个方面。

（1）满足工艺要求

管道流通能力应按正常生产条件下介质的最大流量考虑，其最大压力降应不超过工艺允许值，其流速应位于根据介质的特性所确定的安全流速的范围内。

（2）考虑经济因素

在进行管道设计时，一般应在允许压力降的前提下尽可能地选用较小管径，以节省投资。但是，管径太小则介质流速增高，摩擦阻力增大，增加了机泵的投资和功率消耗，也会增加操作费用。

（3）考虑操作工况

在进行管道设计时，针对不同流体的性质、状态和操作要求，应选用不同的流速。黏度较高的液体，摩擦阻力较大，应选较低流速；允许压力降较小的管道，例如常压自流管道和输送泡点状态液体的泵入口管道，应选用较低的流速；允许压力降较大或介质黏度较小的管道，应选用较高流速。

为了防止因介质流速过高而引起管道冲蚀、磨损、振动和噪声等现象，液体流速一般不宜超过 4 m/s；气体流速一般不超过其临界速度的 85%，真空下最大不超过 100 m/s；含有固体物质的流体，其流速不应过低，以免固体沉积在管内而堵塞管道，但也不宜太高，以免加速管道的磨损或冲蚀。

（4）考虑流体的流率特性

同一介质在不同管径的情况下，虽然流速和管长相同，但管道的压力降却可能相差较大。因此，在设计管道时，如允许压力降相同，小流率介质应选用较低流速，大流率介质可选用较高流速。

（5）满足安全流速要求

化学合成原料药生产过程中会用到很多易燃易爆，例如甲醇、甲苯等。这类流体在输送过程中容易和管道摩擦产生静电，如果管道中流体流速过高，流动过程产生大量的静电不能及时释放，当静电累计到一定程度后瞬间释放，极易导致事故的发生，因此，易燃易爆流体的流速应不大于相关规范规定的安全流速。在有静电接地的情况下，苯及其同类性质的液体在管道内流动的速度不应超过 1 m/s，汽油及其同类性质的液体在管道内流动的速度不应超过 2 ~ 3 m/s。

5.1.2　经济管径的求取

目前在工程实践中，一般采用的方法是按推荐的常用流速的范围和每百米管长的压力降控制值来初步选定管径，这样计算得到的管径通常会比较接近经济管径。

（1）按常用介质流速或设定流速计算管径

$$d = 18.81\sqrt{\frac{V_u}{u}} \qquad (5-1)$$

式中：V_u——管道内流体的体积流量，m^3/h；

u——流体在管道内的平均流速，m/s；

d——管道内径，mm。

因此，确定了管道内流体的流速和流量，就可以求出管道的直径。大多数化工手册会列出在不同场合下流体的流速范围的推荐值。

（2）按每 100 m 计算管长的压力降控制值（Δp_{100}）来计算管径

$$d = 18.61V_u^{0.38}\rho^{0.173}\mu^{0.033}\Delta p_{100}{}^{-0.207} \qquad (5-2)$$

式中：μ——流体的动力黏度，Pas；

ρ——流体在工作条件下的密度，kg/m^3；

Δp_{100}——100 m 管长的压力降控制值（请查阅有关的化工设计手册），kP_a。

上述管径计算不适用于长输管道、非牛顿流体和固体物料的输送。

需要指出的是，流体在管内流动，因速度高而产生的压力降较大时，流体的密度会产生很大的变化，进而显著影响管道的流体输送能力，因此，当管道末端的压力低于始端压力超过 20% 时，就应该考虑流体的压缩性质再来计算经济管径。

另外，对管道长度小于管道内径的 1 000 倍的不隔热管道，可以看作绝热管道。由于绝热流动能力比等温流动能力高大约 20%，而等温计算又相对简单，因此工程上使用等温计算代替绝热计算也是经常使用的方法。

5.1.3 压力管道设计

压力管道是指利用一定的压力，用于输送气体或者液体的管状设备，其范围规定为最高工作压力大于或者等于 0.1 MPa（表压），介质为气体、液化气体、蒸汽或者可燃、易爆、有毒、有腐蚀性、最高工作温度高于或者等于标准沸点的液体，且公称直径大于或者等于 50 mm 的管道。公称直径小于 150 mm，且其最高工作压力小于 1.6 MPa（表压）的输送无毒、不可燃、无腐蚀性气体的管道和设备本体所属管道除外。其中，石油天然气管道的安全监督管理还应按照《安全生产法》《石油天然气管道保护法》等法律法规实施。

压力管道包括长输管道、公用管道和工业管道三种。

5.1.3.1　压力管道的许可级别与许可范围

特种设备生产单位许可类别目录和许可级别目录见表 5-1 和表 5-2。

表 5-1　特种设备生产单位许可类别目录

许可类别	项目	由总局实施的子项目	总局授权省级市场监管部门实施或由省级市场监管部门实施的子项目	备注
设计单位许可	压力管道设计	长输管道（GA1、GA2）	1. 公用管道（GB1、GB2） 2. 工业管道（GC1、GC2、GCD）	

表 5-2　特种设备生产单位许可级别目录

许可级别	许可范围	备注
GA1	1. 设计压力大于或者等于 4.0 MPa（表压，下同）的长输输气管道 2. 设计压力大于或者等于 6.3 MPa 的长输输油管道	GA1 级覆盖 GA2 级
GA2	GA1 级以外的长输管道	–
GB1	燃气管道	–
GB2	热力管道	–
GC1	1. 输送《危险化学品目录》中规定的毒性程度为急性毒性类别 1 介质、急性毒性类别 2 气体介质和工作温度高于其标准沸点的急性毒性类别 2 液体介质的工艺管道 2. 输送 GB50160《石油化工企业设计防火规范》、GB50016《建筑设计防火规范》中规定的火灾危险性为甲、乙类可燃气体或者甲类可燃液体（包括液化烃），并且设计压力大于或者等于 4.0 MPa 的工艺管道	GC1 级、GCD 级

（续表）

许可级别	许可范围	备注
GC1	3. 输送流体介质，并且设计压力大于或者等于 10.0 MPa，或者设计压力大于或者等于 4.0 MPa 且设计温度高于或者等于 400℃的工艺管道	覆盖 GC2 级
GC2	1. GC1 级以外的工艺管道 2. 制冷管道	–
GCD	动力管道	–

5.1.3.2　管道应力分析和柔性分析

（1）管道应力分析

符合下列条件之一的管道系统应按《压力管道规范　工业管道　第 3 部分：设计和计算》（GB/T 20801.3）之规定进行管道应力分析。

① 设备管口有特殊的荷载要求。

② 预期寿命内热循环次数超过 7 000 的管道。

③ 操作温度大于等于 400℃，或小于等于 −70℃的管道。

符合下列条件之一的管道系统可免除应力分析：一是与运行良好的管道系统相比，基本相同或基本相当的管道系统；二是与已通过应力分析的管道系统相比，确认有足够强度和柔性的管道系统。

管道应力分析应采用有效的计算软件进行，并形成管道应力分析计算书。

（2）管道柔性分析

管道柔性是反映管道变形难易程度的概念，表示管道通过自身变形吸收热涨、冷缩和其他位移变形的能力。

在进行管道设计时，应在保证管道具有足够柔性来吸收位移应变的前提下，使管道的长度尽可能短或投资尽可能少。在管道柔性设计中，除考虑管道本身的热胀冷缩外，还应考虑管道端点的附加位移。设计时，一般采用下列一种或几种措施来增加管道的柔性。

① 改变管道的走向。

② 调整支吊架型式与位置。

③ 选用波形补偿器、套管式补偿器或球形补偿器。

符合《压力管道规范　工业管道　第 3 部分：设计和计算》（GB/T 20801.3）之 7.3.3.5 条规定的，免除柔性分析。

管道柔性分析应采用有效的计算软件进行。

5.1.4　阀门的选择

阀件主要根据工作压强、介质温度和操作要求（如启闭或调节等）进行选择。下面仅就安全阀、减压阀和疏水阀做一些介绍。

5.1.4.1　安全阀

在化工制药生产中，为了防止因火灾或操作故障造成系统压力超过设备和管道的设计压力而发生爆炸或其他事故，须设置安全阀（没有专门说明时，一般情况下“安全阀”是安全泄压阀类的统称）。安全泄压阀类有安全阀、安全泄压阀、泄压阀三种。

安全阀是一种由阀所在系统静压驱动的自动泄压装置，具有迅速完全开启或微启动作的特性。一般用于气体和蒸汽系统泄压。

安全泄压阀是一种自动泄压装置，除用于气体和蒸汽的泄压外，还用于液体的泄压。在不同使用条件下，具有迅速开启或突然动作的特性，或在超过开启压力后，其随压力的增大而成正比地开启。

泄压阀是一种由阀所在系统静压驱动的自动泄压装置，它随着超过开启压力的增大而成正比地开启。一般用于液体的泄压。

表 5-3 列举了各种弹簧式安全阀，供参考。

安全阀泄放量一般按可能发生的各种单一事故计算，取其中的最大值，定为该安全阀的泄放量。我们在计算化学反应超压的安全阀泄放量时，要考虑化学反应的速率和反应动力学。

表 5-4 列举了一些气体的相关特性，可作为后续计算的参考。

表 5-3 弹簧式安全阀一览

序号	型式	说明	应用
1	封闭式弹簧安全阀	阀帽阀盖封闭，防止灰尘入内	室外或多灰环境
		阀帽阀盖封闭（气密试验）	用于有毒、易燃易爆介质
2	非封闭式弹簧安全阀	阀帽敞开，易降低弹簧腔室温度	用于须检查阀门开启灵活处
3	带扳手式弹簧安全阀	有提升扳手	
4	特殊形式弹簧安全阀		用于封闭式弹簧安全阀处（≥ 300℃）
	带散热器弹簧安全阀		用于非封闭式弹簧安全阀处（≥ 350℃）
	带波纹管弹簧安全阀		腐蚀介质，背压波动

表 5-4 一些气体的相关特性

气体或蒸汽	分子量 M	绝热系数 K	特性系数 X	临界压力比 P_{cf}/P
空气	29	1.40	356	0.528
二氧化碳	44	1.28	345	0.549
一氧化碳	28	1.40	356	0.528
苯	78	1.12	329	0.581
氢气	2	1.41	357	0.527
甲烷	16	1.31	348	0.544
氧气	32	1.40	356	0.528
水蒸气	18	1.31	348	0.544
氯气	71	1.36	352	0.989
甲醇	32	1.20	337	0.947

注：P_{cf} 为临界压力，是阀的特性值（不是介质特性），一般取值为积聚进口压力的 55%。P 为设备或管道的操作压力。

我们一般按控制化学反应速率的措施，计算化学反应超压的安全阀泄放量。也就是在反应器内控制化学反应的速率，引入足够量的易挥发的液体来吸收过多的反应热，控制反应在安全水平。在这种情况下计算化学反应超压的安全阀泄放量，可用根据单位时间反应热与易挥发物气化热计算出的易挥发物质的蒸发量来定。但若化学反应十分激烈，易爆炸，就要用爆破膜来泄压，所以也就不能按安全阀的泄放量考虑。

安全阀的选用主要依据安全阀尺寸的计算结果来定。计算安全阀尺寸的公式，通常用于计算在要求条件下安全阀泄放所需的有效泄放面积，即喷嘴面积，然后据此选用安全阀的规格及类型。选用的安全阀的有效泄放面积必须等于或大于计算所需的有效泄放面积。

对于全启式安全阀，有效泄放面积为喉径截面积；对于微启式安全阀，有效泄放面积为环隙面积。见表 5-5。

表 5-5　安全阀的公称通径

	公称通径 DN			15	20	25	32	40	50	80	100	150	200
全启式	公称压力 *PN*	16/40/64	阀座喉径 *d* / mm				20	25	32	50	65	100	125
			喷嘴面积 *A* / cm^2				3.14	4.91	8.04	19.6	33.18	78.54	123
			开启高度 / h	≥ 0.254*d*									
		100	阀座喉径 *d* / mm				20	25	32	40	50	80	
			喷嘴面积 *A* / cm^2				3.14	4.91	8.04	12.6	19.3	50.3	
			开启高度 / h	≥ 0.254*d*									
微启式	公称压力 *PN*	16/25/40/64	阀座喉径 *d* / mm	12	16	20	25	32	40	65	80		
			喷嘴面积 *A* / cm^2	0.1	3.14	4.91	8.0	12.6	33.2	50.3			
			开启高度 / h	≥ 0.025*d*				≥ 0.5*d*					

根据国家颁发的《压力容器安全技术监察规程》的规定，气体、蒸汽在临界条件下的最小泄放面积为

$$A = 13.16\frac{G}{C_0XP_1}\sqrt{\frac{ZT}{M}} \tag{5-3}$$

式中：A——最小泄放面积，mm^2；

G——质量泄放流量，kg/h；

P_1——泄放压力，MPa（绝对压力）；

Z——气体压缩因子，请查阅有关手册气体压缩系数图表，通常在压力与温度不高的情况下，取值 1；

C_0——流量系数，由制造商提供。若没有制造厂的数据，对于全启式安全阀，$C_0 = 0.6 \sim 0.7$；对于带调节圈的微启式安全阀，$C_0 = 0.4 \sim 0.5$；对于不带调节圈的微启式安全阀，$C_0 = 0.25 \sim 0.35$；

T——泄放温度，K；

M——介质分子量；

X——气体特性系数，若未知，取值 315。

例：流体为空气，采用全启式弹簧安全阀，所需泄放流量为 226.76 kg/h，进口泄放温度为 21.1℃，定压为 0.138 MPa（表压），背压为常压，超压为 0.020 7 MPa（表压），求安全阀的最小泄放面积。

解：采用公式 $A = 13.16\frac{G}{C_0XP_1}\sqrt{\frac{ZT}{M}}$

全启式安全阀，取 $C_0 = 0.8$

空气特性系数，查表 5-4，$X = 356$

空气分子量，查阅手册 $M = 28.97$

安全阀的泄放压力 $P_1 = 0.138+0.020\,7+0.101\,3 = 0.26$ MPa

气体压缩系数 $Z = 1$

$$A = 13.16\times\frac{226.76}{0.8\times356\times0.26}\times\sqrt{\frac{1\times(273+21.1)}{28.97}} = 128.55\ (mm^2)$$

根据计算的最小泄放面积（A），计算安全阀喉径（d_1）或阀座口径（D）

对于全启式安全阀

$$A=\frac{\pi}{4}d_1^2 \tag{5-4}$$

对于平面密封型微启式安全阀

$$A=\pi Dh \tag{5-5}$$

对于锥面密封型微启式安全阀

$$A=\pi Dh\sin\varphi \tag{5-6}$$

式中：d——安全阀喉径，mm；

h——安全阀开启高度，mm；

D——安全阀的阀座口径，mm；

φ——密封面的半锥角，°。

计算安全阀的喷嘴面积后，可以根据表5-5，确定安全阀的公称通径。

5.1.4.2　减压阀

（1）减压阀的种类与选型要求

减压阀按动作原理分为直接作用式减压阀和先导式减压阀。直接作用式减压阀是利用出口压力的变化直接控制阀瓣的运动。直接作用波纹管式减压阀适用于低压、中小口径的蒸汽介质；直接作用薄膜式减压阀适用于中低压、中小口径的空气、水介质。先导式减压阀有导阀和主阀组成，导阀根据出口压力的变化来控制主阀阀瓣的运动。先导活塞式减压阀适用于各种压力、各种口径、各种温度的蒸汽、空气和水介质。若用不锈耐酸钢制造，可适用于各种腐蚀性介质；先导波纹管式减压阀适用于低压、中小口径的蒸汽、空气、水等介质；先导薄膜式减压阀适用于中低压、中小口径的蒸汽或水等介质。

（2）减压阀的计算

① 公式法：

a. 计算理论流量。流体经过减压阀节流后，单位阀孔面积的理论流量与流体性质和状态有关，也与阀后和阀前的压力比值有关；压力比值越小，流量越大。但是，当压力比值减小到某一定值时，流量不再随压力比的减少而增加，此极限值为临界压力比。表 5-6 为几种流体的物性参数，供参考。

表 5-6　几种流体的物性参数

类别	饱和蒸汽	过热蒸汽	压缩空气
临界压力比	0. 577	0. 546	0. 528
流体绝热系数	1.135	1.3	1.4

一般气体临界压力比计算通式为

$$\sigma_x = [2/(k+1)]^{k/(1+k)} \tag{5-7}$$

式中：k——流体绝热系数，$k = C_P/C_V$。

减压阀的理论流量 G，可按以下两种情况计算。

当 $P_2/P_1 > \sigma_x$ 时，减压阀理论流量的通式为

$$G = 159.38\sqrt{\frac{k}{k-1}\frac{P_1}{v}\left[\left(\frac{P_2}{P_1}\right)^{\frac{2}{k}} - \left(\frac{P_2}{P_1}\right)^{\frac{k+1}{k}}\right]} \tag{5-8}$$

式中：P_1、P_2——减压阀前后的流体压力，MPa，绝对压力；

G——减压阀每平方厘米的理论流量，kg/(cm^2·h)；

v_1——阀前流体比容，m^3/kg（10^6 cm^3/kg）。

当 $P_2/P_1 < \sigma_x$ 时，减压阀理论流量的通式为

$$G = 112.7\sqrt{k\frac{P_1}{v}\left(\frac{2}{k+1}\right)^{\frac{k+1}{k-1}}} \tag{5-9}$$

b. 确定实际流量。

$$q = \mu G \tag{5-10}$$

式中：μ——阀孔流量系数，一般由制造商提供，如未知，可取值 0.45 ~ 0.6。

第三，计算减压阀所需阀孔面积。

$$f = Q/q \qquad (5-11)$$

式中：f——减压阀阀孔计算面积，cm^2；

Q——减压阀设计流量，kg/h。

② 图表法：减压阀是用来降低蒸汽或其他气体的压强的，其直径可根据介质的温度、减压前后的压强，利用图 5-1 所示的算图来求得。该图为蒸汽减压阀的计算图表。对其他气体的减压也可用该图进行计算，但所得结果须用蒸汽和其他气体的密度来换算。

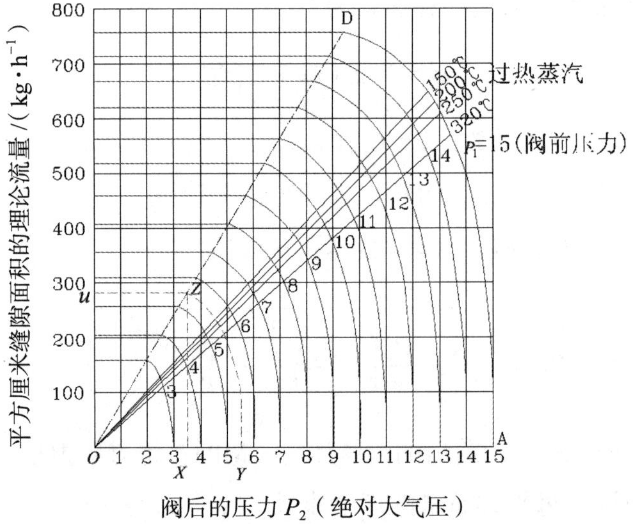

图 5-1　减压阀尺寸算图

$$q_a = q\,\frac{\rho}{\rho_a} \qquad (5-12)$$

式中：q_a——单位截面积通过的气体量，kg/（$cm^2 \cdot h$）；

q——单位截面积通过的蒸汽量，kg/（$cm^2 \cdot h$）；

ρ_a——所过的气体在减压下的密度，kg/m^3；

ρ——蒸汽在上述压强下的密度，kg/m^3；

例：饱和蒸汽的初压是5.5绝对大气压，经减压阀后拟得到3.5绝对大气压的蒸汽，试求蒸汽流量为1 000 kg/h时所需减压阀尺寸。

解：在*OA*线上定出相当于初压5.5绝对大气压的*Y*点，由此循*YZ*曲线（此线与其他曲线相似）与垂直线*XZ*相交于Z点。*X*点相当于终压为3.5绝对大气压。由*Z*点出发，水平向左至*u*点，得每平方厘米流量为285 kg/h。设蒸汽的流量系数$\mu = 0.6$，得所需的缝隙面积为

$$f = \frac{1\ 000}{0.6 \times 285} = 5.85\ (\mathrm{cm}^2)$$

因此，选用减压阀的公称直径为50 mm。

5.1.4.3　疏水器

疏水器有浮桶式、浮球式及热动力式几种。

浮桶式疏水器的公称压强为10 ~ 16 kg/cm^2，公称直径为15 ~ 50 mm，排液能力决定于设备的尺寸与前后压强差。由于高速气流的冲蚀与关闭时的撞击，在浮桶中，阀的腐蚀强烈，使用时应选用较大尺寸。

浮球式疏水器在凝液均匀进入时使用寿命较长，也适用于压强较高的场合，其公称压强为40 ~ 60 kg/cm^2，公称直径为20 ~ 50 mm。

热动力式疏水器体积小，重量轻，安装在管道上所占位置比一个同口径的阀门还小，重量只有浮桶式疏水器的十几分之一，易于安装。在额定工作压强（16 kg/cm^{2}和40 kg/cm^{2}两种）范围内，可以适应工作压强大范围的波动而不必作任何调整，但不适用于蒸汽压强低于0.5 kg/cm^{2}的场合。

这种疏水器漏气量小，构造简单，寿命长，便于检修，排水量大。可以安装在水平管路上，亦可安装在倾斜或垂直管路上（但不允许由下往上排出凝结水）。

在实际应用中，可以根据设备的凝结水量乘以2 ~ 4倍的选用倍率（表5–7），然后参照最大连续排水量表（表5–8）来选用疏水器。切勿根据凝结水管尺寸或设备接口尺寸来选用疏水器。

表 5-7　疏水器选用倍率

供热系统	使用情况	选用倍率
采暖	$p \geqslant 1$ kg/cm^2	2 ~ 3
	$p < 1$ kg/cm^2	4
热风	$p \geqslant 2$ kg/cm^2	2
	$p < 2$ kg/cm^2	3
淋浴	单独热交换器	2
	多喷头	4
生产	一般热交换器	3
	大容量、间歇、需急速加热设备	4

表 5-8　不同压差下的最大连续排水量　　单位：kg/h

压强差（kg/cm^2）	公称直径				
	DN15	DN 20	DN 25	DN 40	DN 50
0.5	110	310	700	1 550	2 180
1.0	150	410	800	1 820	2 950
1.5	210	450	970	1 920	3 150
2.0	220	480	1 020	2 000	3 200
2.5	250	500	1 080	2 100	3 300
3.0	260	520	1 190	2 250	3 390
3.5	270	540	1 220	2 400	3 450

注：$\Delta p > 3.5$ kg/cm^2 时，排水量可按 $\Delta p = 3.5$ kg/cm^2 选用。

5.2　管道仪表流程图

管道仪表流程图也称工艺管道及仪表流程图，或 P&ID（Piping and Instrumentation Diagram）图，是借助统一规定的图形符号和文字代号，用图示的方法把建立化工工艺装置所需的全部设备、仪表、管道、阀门及主要管件，按其各自功能以及工艺要求的逻辑关系进行组合排列，用以描述工艺装置的结构和功能作用的工程设计文件。管道仪表流程图是在工艺流程图主要是工艺设备流程图的基础上结合自控条件或自控专业提资的工艺控制图（PCD）完成的。它是化工装置的工程设计中从工艺设计到工程施工设计的重要工序，是化学类工厂建设的基本依据和核心文件。

5.2.1 基本要求

化学制药工程的设计，从工艺包、基础设计到详细工程设计中的大部分阶段，P&ID 都是化学制药工艺及工艺系统专业的设计中心，其他专业（建筑结构、仪表自控、电气、管道、暖通净化、给排水、安全卫生等）都在为实现 P&ID 里的设计要求而工作。

广义的 P&ID 可分为工艺管道及仪表流程图（即通常意义的 P&ID）和公用系统管道仪表流程图（即 UID）两大类，这里我们主要讨论工艺管道及仪表流程图。

由于 P&ID 的设计千变万化，对采用同一工艺流程的装置，也可以因外界因素的影响（如用户需求、地理环境的差异以及管理运行上的要求不同等），需要在设计 P&ID 时作出相应调整，再加上设计人员不同的处理方法，所以同一工艺流程在不同的工程项目中，其 P&ID 图的表达文件也不是完全相同，但也不会有太大的差异。

P&ID 文件的设计过程是逐步加深和完善的一个动态编辑过程，它分阶段和版次分别依次发表。P&ID 文件各个版次的发表，表明了工程设计的进展情况，为工艺、仪表自控、电气电信、暖通净化、配管、材料、安装和给排水等专业及时提供相应阶段的设计信息。为了保证设计工作的有序进行，需要强调的是，P&ID 文件的版次是工程设计最重要的图纸之一，相关专业的图纸版次应与 P&ID 的版次保持一致性，以免造成混乱和无序。

工程设计分为基础工程设计和详细工程设计两个阶段，各阶段应完成的 P&ID 图的版次如下（供参考引用）。

基础工程设计阶段通常应完成以下四个版次的 P&ID：

A 版——初步条件版（APPROVED FOR PLANNING）；

B 版——内部审核版（ISSUE FOR REVIEW）；

C 版——用户批准版（ISSUE FOR APPROVAL）；

0 版——设计版（APPROVED FOR DESIGN）。

基础工程设计的四版图纸亦称为工艺版 P&ID。

详细工程设计阶段通常应完成以下三个版次的 P&ID：

1 版——详细设计 1 版（FOR DETAIL ENGINEERING Rev.1）；

2 版——详细设计 2 版（FOR DETAIL ENGINEERING Rev.2）；

3 版——施工版（APPROVED FOR CONSTRUCTION）。

详细工程设计的三版图纸也称为工程版 P&ID。

上述七版 P&ID 为常规 P&ID 开发设计过程。P&ID 文件的设计版次可以不限于上述七个版次。根据项目的具体情况，项目经理或设计经理可以调整版次。

对于小型或成熟工艺装置的 P&ID 文件，一般应完成以下三个版次：A 版为初步条件版；0 版为设计版；1 版为施工版。

5.2.2 设计内容

P&ID 文件的开发设计依据是用户需求（URS）和国家的有关法律法规，一套完整的 P&ID 文件应清楚地标出工艺流程对工厂安装设计中的所有要求，包括所有的设备、配管等方面的内容和数据。

5.2.2.1 设备

每台设备（包括备用设备）的名称和位号都需要标示出来。对于扩建、改建项目，已有设备可用不同规格的细实线（也可以使用其他线型，只要能区别开来就行）表示，并用文字注明。

对成套供应设备（如冷冻机组、压缩机组、制水设备等），可用点线画出成套供应设备的范围并加标注，明确供货单位与设计单位之间的工作范围。通常在此范围内的所有附属设备位号后都要带后缀“X”，以示这部分设备随主机供应，不需另外订货。

P&ID 上应注明设备位号、设备的主要规格和设计参数，如泵应注明流量 Q 和扬程 H，容器应注明直径 D 和长度 L，换热器要注明换热面积和设计数据，储罐要注明容积及有关的数据。需要指出的是，与工艺流程图（PFD）不同的是，P&ID 中标注的设备规格和参数是设计值，而 PFD 标注的是工艺操作数据。

为便于理解工艺流程，零部件如与管口相邻的塔盘、塔盘号和塔的其他内件（如挡板、堰、内分离器、加热 / 冷却盘）零部件也需要在 P&ID 中标示出来。

对安装高度有要求的设备需要标出设备要求的标高。塔和立式容器须标明自地面到塔、容器下切线的实际距离或标高；卧式容器应标明容器内底部标高或到地面的实际距离。

泵、风机和压缩机的驱动装置要注明驱动机类型，有时还要标出驱动机功率。

P&ID 还须注明容器、塔、换热器等设备的放空、放净去向，如排放到大气、泄压系统、干气系统或湿气系统等。若排往下水道，要分别注明排往生活污水、雨水或含油污水系统等的哪个方向或位置。

5.2.2.2　管线

在 P&ID 中需要标出在正常生产、开车、停车、事故维修、取样、备用、再生各种工况下所需要的全部工艺物料管线和公用工程管线。所有的管道都要注明管径、管道号、管道等级和介质流向。管径一般用公称直径（DN）表示；根据工程的要求，也可采用英制表示。

单体或装置内所有操作、开停工及事故处理等管道及其阀门均应予标示，并用箭头标明管内物料的流向。主要操作管道可用粗实线表示，备用管道、开停工及事故处理管道、其他辅助管道可用细实线表示。

装置内的扫线、污油排放及放空管道通常只需画出其主要的管道及阀门，并标明其与设备或工艺管道连接的位置即可。

管线的管口尺寸、法兰形式和法兰压力等级需要详细注明。一般而言，若设备管口的尺寸、法兰形式和压力等级与相接管道尺寸、管道等级规定的法兰形式和压力等级一致，则不需特殊标出；若不一致，须在管口附近加注说明，以免在安装设计时配错法兰。

装置内公用工程（水、蒸汽、燃料、密封油、冲洗油、空气、化学药剂等）可分不同系统按上述要求绘制公用工程的管道仪表流程图。各种物料一般可在使用地点用短实线示意，并标注物料的名称，但对其所采用的仪表和阀门不能重复标示（一般只标示在公用工程 P&ID 中）。

管道的编号及标注方法要根据装置的部分号和管内物料的属性分别按流程顺序编号，即每一种介质分别顺序编号，允许中间有预留号，如工艺管道（代号 P）中不同属性物料管道之间可以留有空号。同一物料流经多台不同功能的设备时，每经一台或一组设备后可新编一个管号。

P&ID 的设计要求详细而具体，针对性较强，需要设计人员在实践中反复训练和揣摩。以上所述并不是 P&ID 的全部要求，也不是必须遵守和一致的要求，在实际工作中需要按照各自设计公司的具体要求进行。

P&ID 的制图方法和幅面等问题的处理，是初级设计人员的基本能力要求，在此不再陈述。

第6章　自动化控制设计

化学合成原料药自动化控制设计主要是对化学合成原料药工艺操作过程、工作场所环境的自动化控制设计，其目的是保证化学合成原料药生产更安全、更可靠、更高效、更绿色，其控制内容、控制方式随着人们的认识水平、时代需求的不同而改变和提高。本章将从化学合成原料药生产到储运，再到氮气保护及尾气处理等各阶段的操作特点出发，叙述一下目前化学合成原料药生产过程的自动化控制设计。

6.1　生产过程自动化控制设计

化学合成原料药生产过程的自动化控制设计主要包括化学反应工艺操作过程的自动化控制设计、物理反应操作过程的自动化控制设计、精干包操作过程的自动化控制设计。以下根据操作过程的特点介绍一下各阶段的自动化控制设计方案、自动化控制特点及自控仪表的选型原则。

6.1.1　化学反应工艺操作过程的自动化控制设计

化学合成原料药化学反应工艺主要包括以下操作：氮气置换，反应前加料，反应过程中加料，温度控制，压力控制，出料，清洗。以下分别介绍这些过程的自动化控制设计。

6.1.1.1　氮气置换操作过程的自动化控制设计

在化学合成原料药反应釜中通常有易燃易爆物质存在，为了保证安全，一般在反应釜内采取氮气或惰性气体覆盖的措施，因此，在反应釜反应之前需要进行氮气置换操作。

按照氮气置换技术要求和有关规范、标准，氮气置换操作既要有反应釜的氧气含量（氧气含量不高于 2%）的要求，又要有置换次数的限值（一般不少于 3 次）。氮气置换的控制流程如图 6-1 所示。

氧气探测仪的安装应确保置换没有盲端，应安装在反应釜的高处。因氧气探测仪采用电化学型仪表，一般不能承压，为保证测量精度，被探测的气体需清洁干燥，所以在该仪表前设置了一高密封性的切断球阀，在置换阶段该阀打开，其他阶段该阀关闭。该过程进氮气调节阀一般采用高密封性的 V 型调节阀或滑板调节阀。

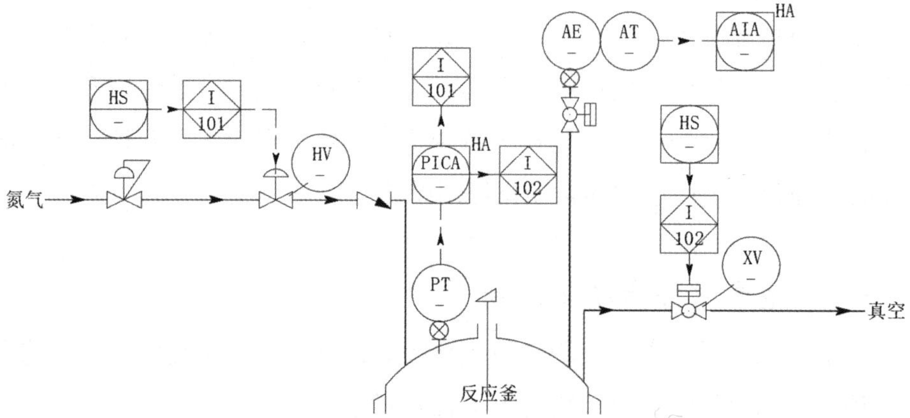

图 6-1　氮气置换的控制流程

6.1.1.2　反应前加料操作过程的自动化控制设计

化学合成原料药中反应釜的物料加入分为液体加料、固体加料、气体加料三种。气体物料一般在反应过程中加入，反应前液体加料和固体加料可根据安全评估、职业卫生要求及工艺要求等确认是手动加入还是自动加入。下面分别介绍一下反应前液体和固体的自动加料设计。

（1）反应前液体物料的自动加料控制

反应前液体物料的自动加料控制方式常用的有两种：流量计 + 控制阀自动加料控制方式和计量泵自动加料控制方式。

流量计 + 控制阀自动加料控制方式采用流量计及控制阀进行批量控制，其控制流程如图 6-2 所示。图中的流量计既用于反应前液体物料的批量控制，又用于反应过程中液体物料的滴加控制，所以该流量计选型时应选择量程比较大的仪表。

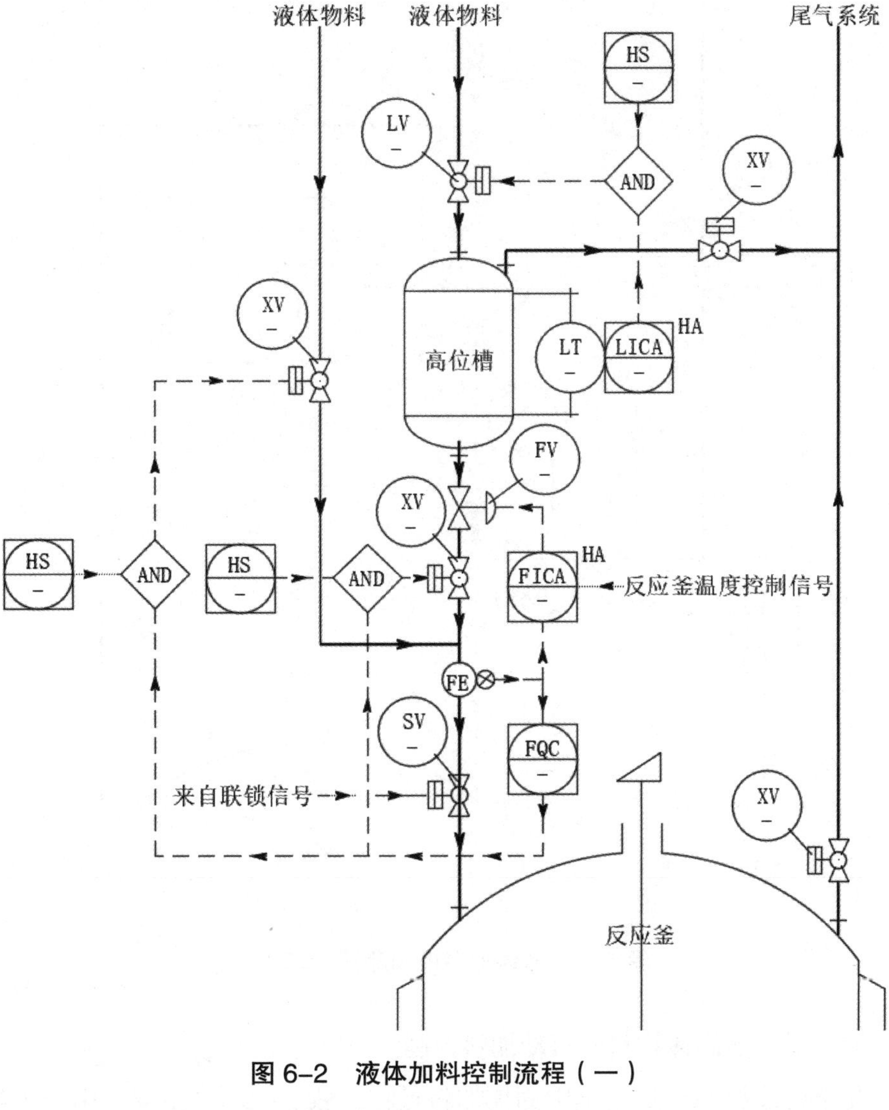

图 6–2　液体加料控制流程（一）

计量泵自动加料控制方式采用可以变频控制的计量泵进行批量加料控制，其控制流程如图 6–3 所示。图中计量泵既用于反应前液体物料的批量控制，又用于反应过程中液体物料的滴加控制，所以该计量泵选型时应满足大范围调速控制要求，并需要选择适宜的变频控制装置（如变频器）。

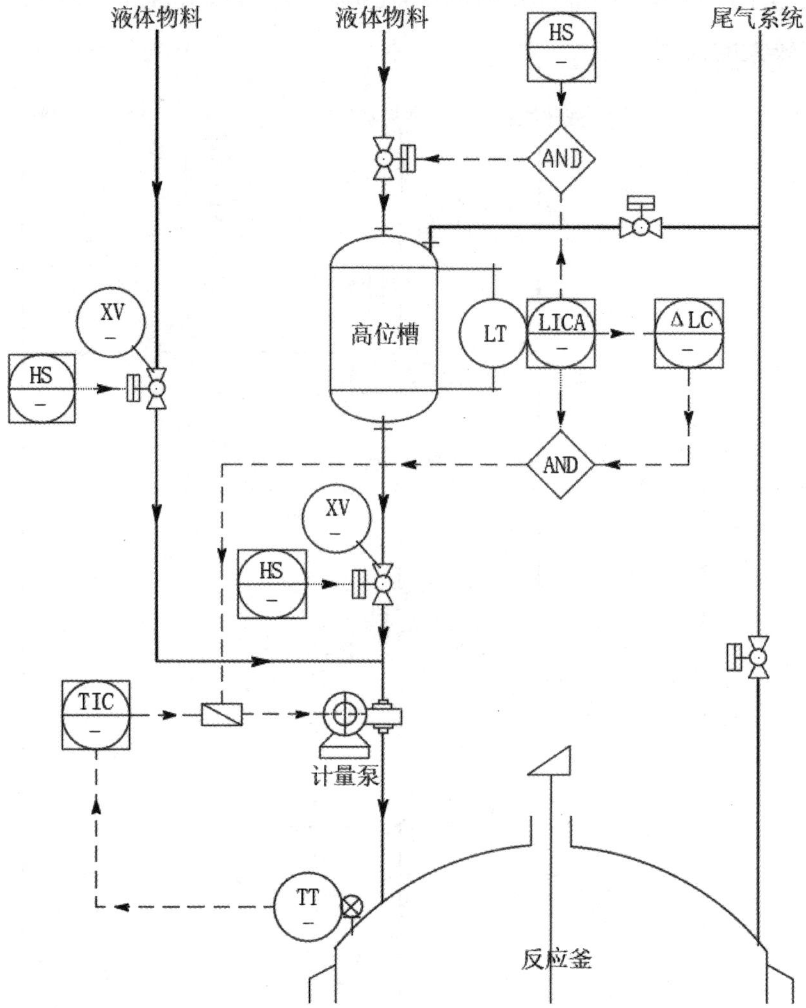

图 6–3　液体加料控制流程（二）

（2）反应前固体物料的自动加料控制

化学合成原料药反应釜中固体加料过程一般包括两个步骤：第一步是固体物料输送到反应釜附近的加料料仓中，根据物料性质、物料量、工艺要求分为管链输送、行吊输送、人工手动运输等输送方式；第二步是物料自料仓加入反应釜中。根据物料性质、工艺要求及反应釜内环境不同，固体加料分为多种控制方式，下面介绍一下两种常用的固体物料的加料控制方式。

一是星型加料器 + 控制阀自动加料控制方式。此种控制方式的装置包括固体料仓、星型加料器和控制阀，其中料仓采用氮气保护控制。固体物料阀可根据物料性质采用闸阀或蝶阀，星型加料器需要选择适宜的变频控制装置（如变频器）。该控制方式适用于固体物料流动性较好、加料量较大的场所，其控制流程如图 6–4 所示。

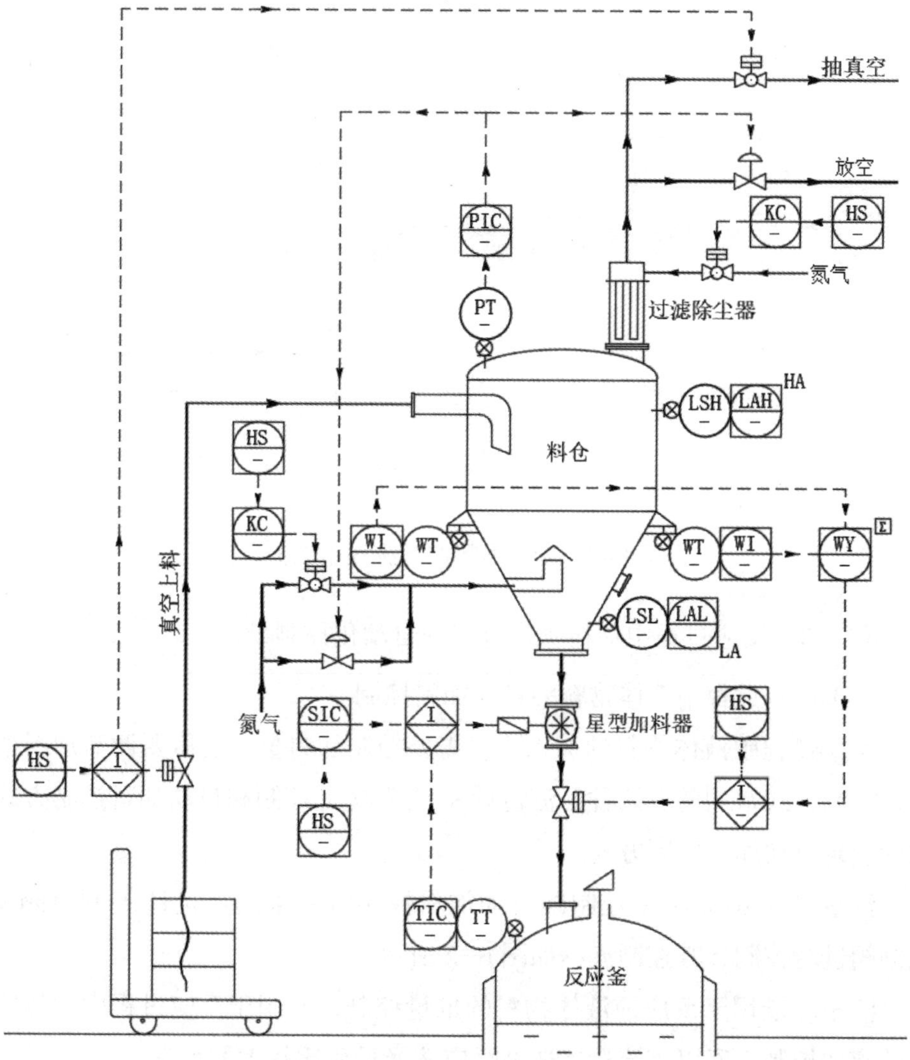

图 6–4　固体加料控制流程（一）

二是螺旋加料器 + 控制阀自动加料控制方式。此种控制方式的装置包括固体料仓、螺旋加料器和控制阀。固体物料加料阀可根据物料性质采用闸阀或蝶阀，螺旋加料器需要选择适宜的变频控制装置（如变频器）。该控制方式适用于固体物料流动性一般、加料量较小的场所，其控制流程如图 6–5 所示。

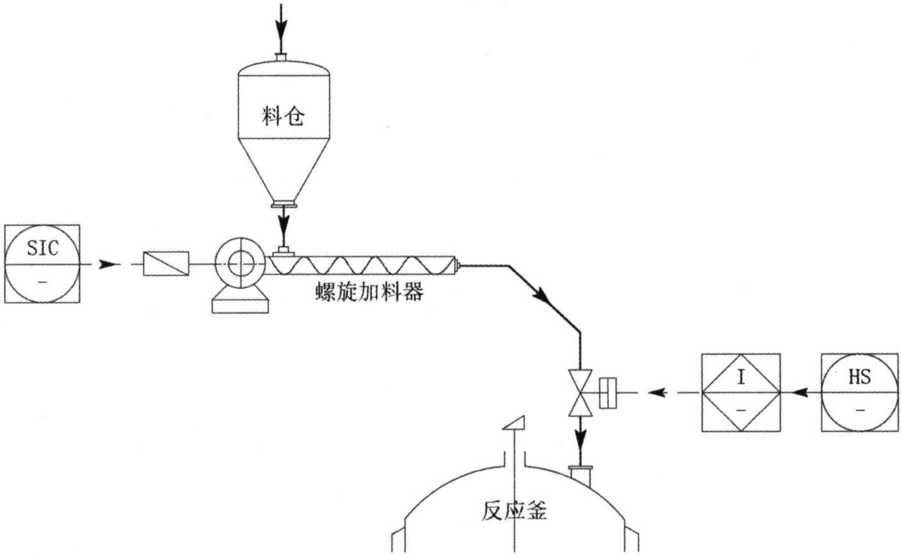

图 6–5　固体加料控制流程（二）

6.1.1.3　反应过程中加料操作过程的自动化控制设计

（1）反应过程中液体物料的自动加料控制

反应过程中液体物料的加入不仅需要控制加料量，还需要调节加料速度，控制方式常用的有两种：流量计 + 调节阀 + 控制阀自动加料控制方式和计量泵自动加料控制方式。

流量计 + 调节阀 + 控制阀自动加料控制方式采用流量计 + 调节阀 + 控制阀进行控制，其控制流程如图 6–2 所示。

流量计既用于反应前液体物料的批量控制，又用于反应过程中液体物料的滴加控制，所以该流量计选型时应选择量程比较大的仪表。

计量泵自动加料控制方式采用计量泵 + 控制阀进行控制，其控制流程如图 6–3 所示。

计量泵既用于反应过程中液体物料的滴加控制，又用于反应前液体物料的批量控制，所以该计量泵选型时应满足大范围调速控制要求，并需要选择适宜的变频控制装置（如变频器）。

（2）反应过程中固体物料的自动加料控制

反应过程中固体物料的加入不仅需要控制加料量，还需要调节加料速度。常用的有星型加料器自动加料控制方式。该控制方式的装置包括固体料仓、星型加料器和控制阀，其中料仓采用氮气保护控制。固体物料加料阀可根据物料性质采用闸阀或蝶阀，星型加料器需要选择适宜的变频控制装置（如变频器）。该控制方式适用于固体物料流动性较好、加料量较大的场所，其控制流程如图 6–4 所示。

6.1.1.4　反应过程的温度自动化控制设计

化学合成原料药反应过程的温度自动化控制可根据传热介质不同采用两种控制方式，一种是多种传热介质的温度控制方式，一种是单一传热介质的温度控制方式。

多种传热介质的温度控制方式采用多种传热介质进行温度控制，传热介质一般包括蒸汽、热水、冷却水等，通过切换不同介质实现不同范围的温度控制，其控制流程如图 6–6 所示。

在进行反应釜温度传感器的插入深度选择时，需要考虑反应釜内物料的有效检测位置和反应釜顶部的空间高度。蒸汽、热水、冷却水、气体管道上的控制阀应选用高密封性阀门，调节阀可选用单座调节阀。

单一传热介质的温度控制方式采用一种传热介质进行温度控制，其控制流程如图 6–7 所示。

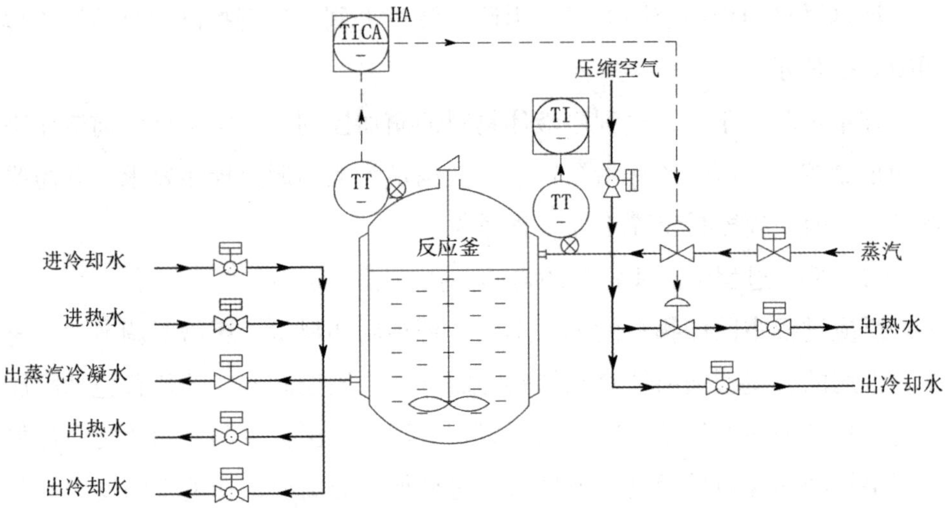

图 6-6　多种传热介质的温度控制方案

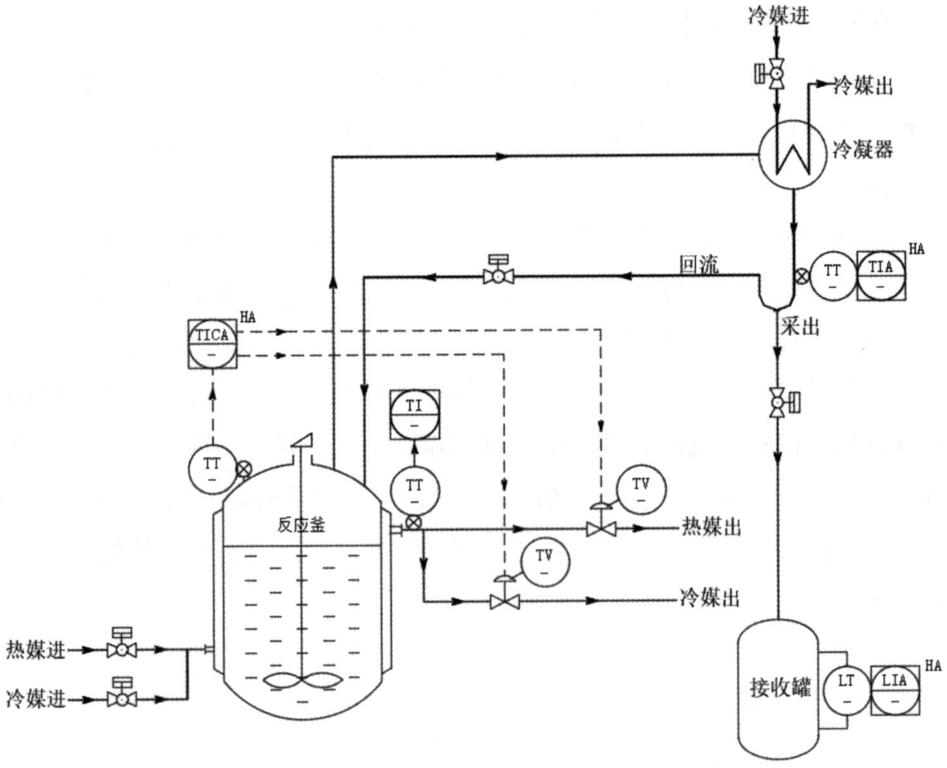

图 6-7　单一传热介质的温度控制方案

冷热媒管道上的调节阀选用单座调节阀，冷热媒管道上的控制阀选用高密封性阀门。接收罐选用高精度液位计，如高精度压差液位计或磁致伸缩液位计。

6.1.1.5 反应过程的压力自动化控制设计

（1）氮气保护下的压力自动化控制设计

在化学合成原料药的反应釜中经常有易燃易爆物质，为了保证反应过程的本质安全，即使是常压反应过程，也需要在氮气保护状态下进行。氮气保护的压力控制一般有两种方式，分别介绍如下：

一是采用自力式压力调节阀的氮气保护控制方式。在反应釜中没有结晶、黏稠、腐蚀性液体的场所，通常采用该种控制方式，其控制流程如图6-8所示。

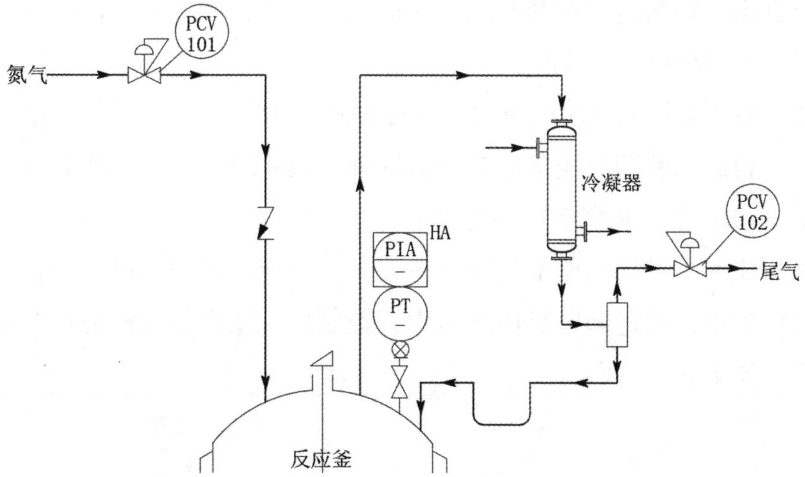

图 6-8 采用自力式压力调节阀的氮气保护控制方案

进氮气自力式压力调节阀选择阀后压力调节型，排尾气自力式压力调节阀选择阀前压力调节型。

二是采用自动调节阀的氮气保护控制方式。在反应釜中有结晶、黏稠、腐蚀性液体的场所，通常采用该种控制方式，其控制流程如图6-9所示。

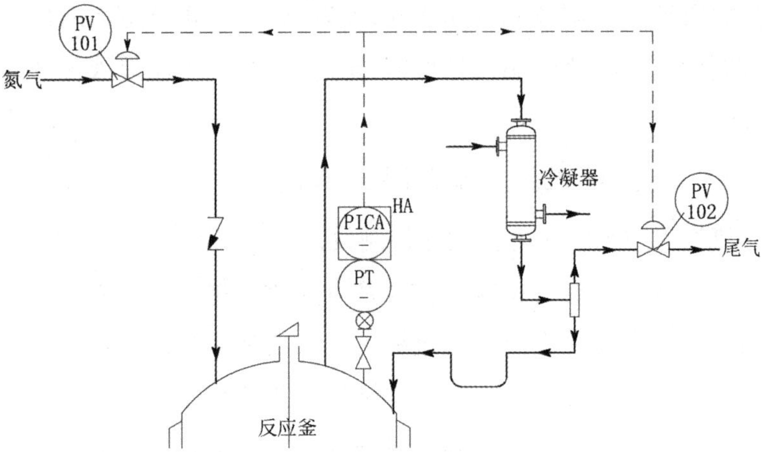

图 6–9　采用自动调节阀调节的氮气保护控制方案

在反应过程中，通过压力分程调节控制反应釜的压力。尾气自动调节阀可根据反应物料特性选择相应材质的阀门（如防腐蚀型），进氮气调节阀选择不锈钢小口径调节阀。

（2）有压力控制要求的压力自动化控制设计

化学合成原料药反应釜的带压力环境一般体现在有气体参加反应的工艺（如加氢工艺）和真空蒸馏过程中。

其反应釜的带压操作主要表现在气 – 液反应工艺中，料液一般一次性加入反应釜中，通过调节反应釜压力，控制通入反应釜气相物料的量，其控制流程如图 6–10 所示。

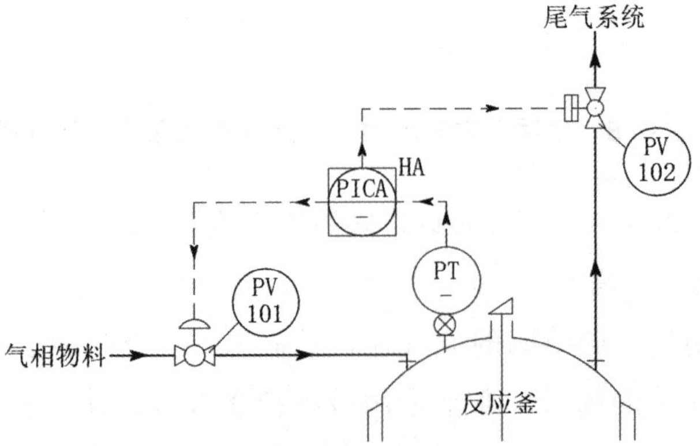

图 6–10　有压反应工艺的压力控制方案

这里一般选择调节范围大、密封性高的自动调节阀（如滑板调节阀）。

（3）反应后期的泄压自动化控制设计

在有压力反应完毕后，需要进行泄压操作，一般反应釜中都存在易燃易爆物质，泄压速度太快会造成爆炸或火灾危险，此时通常控制泄压速度。常见的泄压控制方式如图 6–11 所示。自动调节阀一般选择调节范围大、密封性高的调节阀（如滑板调节阀）；通氮气控制阀选择密封性高的切断阀，当氮气系统较小时可选择调节范围大、密封性高的调节阀（如滑板调节阀）。

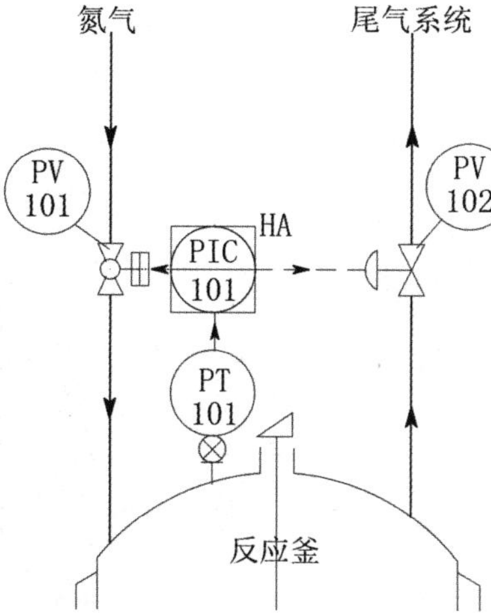

图 6–11　化学合成原料药反应釜泄压控制方案

6.1.1.6　出料自动化控制设计

化学合成原料药反应釜的出料一般采用重力流出料、转运泵出料或氮气压料出料三种方式，一般采用管道式液位计确定是否出料完成，其流程如图 6–12 所示。反应釜底出料阀可以根据反应釜的物料特性选择上展式卸料阀、无积料放料阀等，管道式液位计根据物料特性选择音叉液位开关或外贴式液位开关。

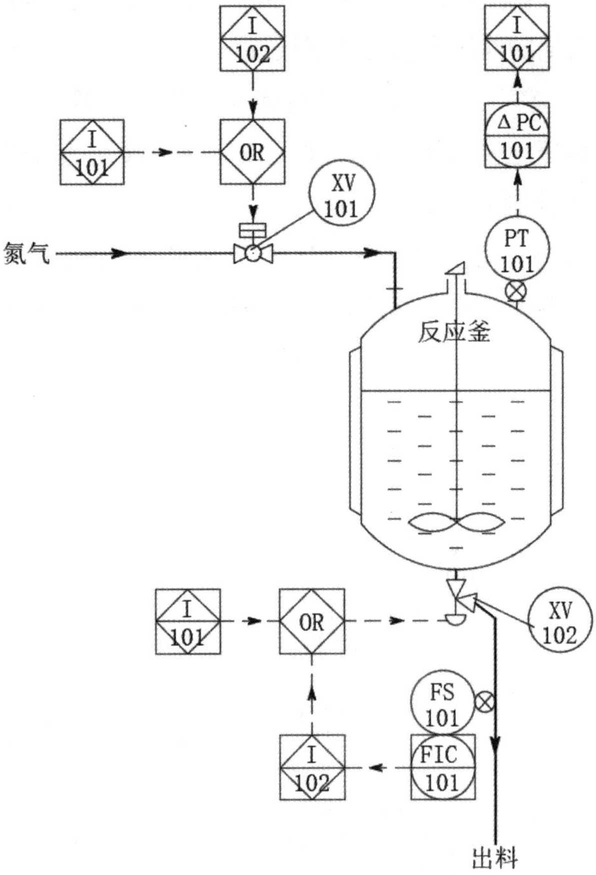

图 6–12　化学合成原料药反应釜出料控制方案

6.1.1.7　清洗自动化控制设计

为了确保化学合成原料药反应釜清洗有效，需要一定的条件。有效清洗的条件包括清洗压力、清洗时间。清洗压力指喷头的压力，受该压力检测困难的限制，一般采用瞬时流量来代替；有限时间指瞬时压力（这里用瞬时流量代替）满足条件时的时间。在清洗控制中，程序应自动减去瞬时流量小于设定值时的时间，其流程如图 6–13 所示。清洗水为纯化水，阀门 HV–101 为 T 形三通气动卫生级隔膜阀，清洗水控制阀和排净控制阀为直通型气动卫生级隔膜阀。

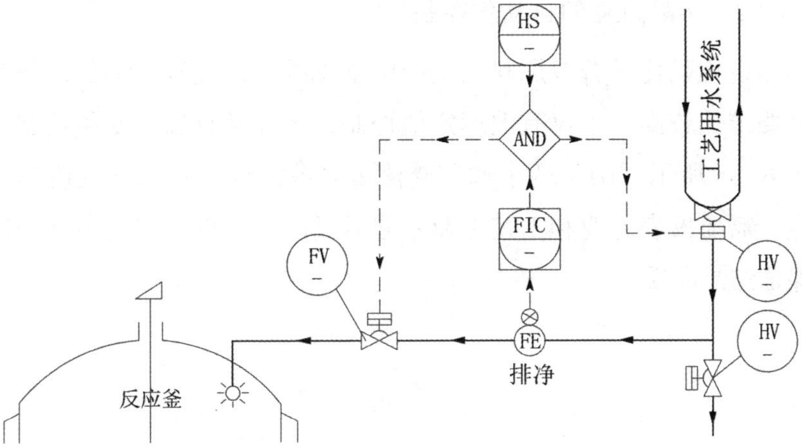

图 6-13　化学合成原料药反应釜清洗控制方案

6.1.2　几种物理反应操作过程的自动化控制设计

6.1.2.1　萃取过程的自动化控制

萃取是化学合成原料药生产中常见的工艺过程，一般在萃取釜出料管道上安装检测仪表和切断阀进行萃取控制。在重相出料后期，如果出料过快，轻重相界面会产生旋涡，从而影响萃取效果，为了防止这种现象，在重相出料管道上设置了调节阀，其流程如图 6-14 所示。图中出料管道上的轻相、重相检测传感器可根据轻重相的特性选择电导式探测器、pH 值探测器或密度探测器，轻重相管道上的放料控制阀及调节阀应根据料液特性进行选择。

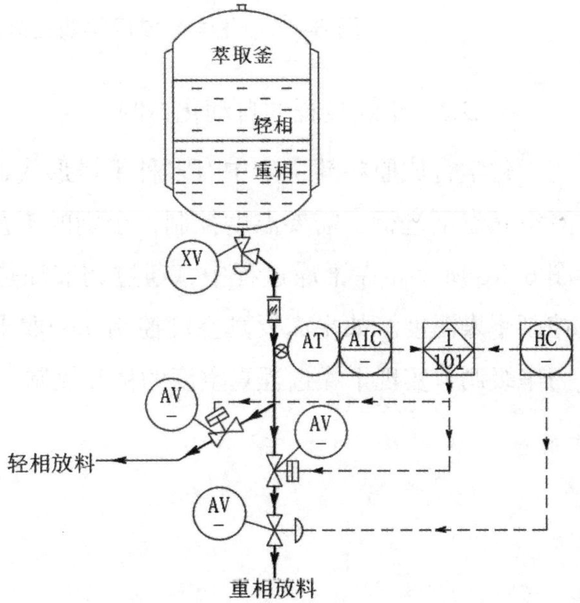

图 6-14　化学合成原料药萃取过程控制方案

6.1.2.2 结晶过程的自动化控制

结晶过程是化学合成原料药生产中常见的工艺过程。结晶过程对温度的控制要求比较高，不仅有温度定值控制，还经常有温度变值控制，其流程如图 6-15 所示。图中两个调节阀流量系数的选择是温度变值曲线控制的重点，需要仪表专业和工艺专业一起通过研究计算后实现精确的温度控制，保证结晶品质。

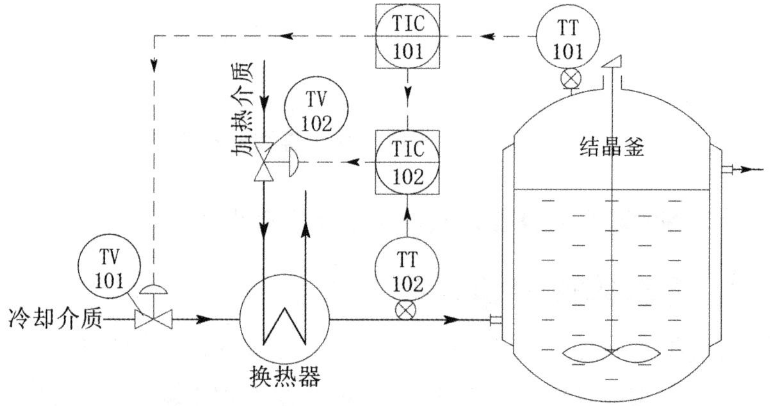

图 6-15 化学合成原料药结晶过程控制方案

6.1.2.3 干燥过程的自动化控制

化学合成原料药生产中有多种干燥形式，常见的为双锥干燥，一般在真空状态下进行，需要温度控制，个别的工艺需要真空度控制，其流程如图 6-16 所示。在干燥过程中，通过调节加热介质管路上的调节阀的开度控制干燥温度。如果需要真空度控制，采取干燥机的真空 - 真空缓冲罐压力串级调节实现干燥过程真空度的精确控制。

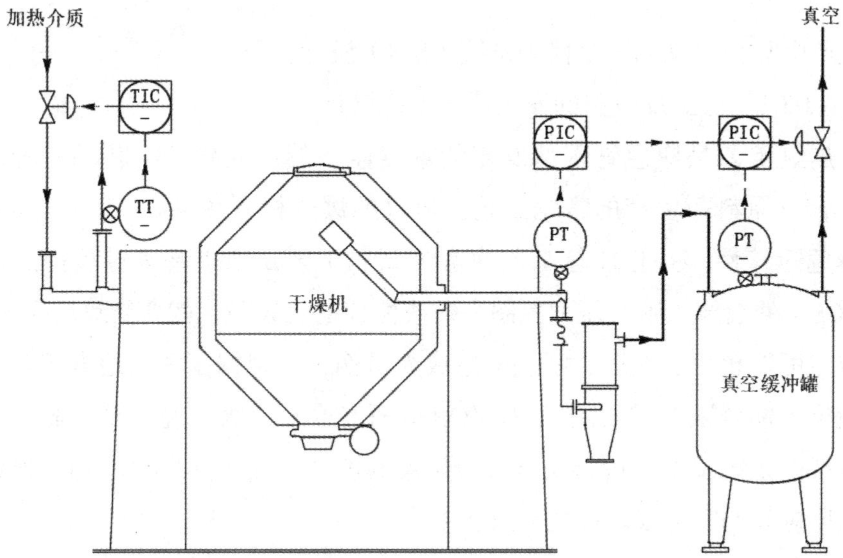

图 6-16　化学合成原料药干燥过程控制方案

6.1.3　安全仪表系统（SIS）的设计

前几节是化学合成原料药生产过程中采取的自动化控制方案，虽然有些具有安全功能，但基本上都是为了提高生产效率、降低劳动强度、节省物料或能源消耗等目的采取的措施，是生产过程中始终运行的动态控制。因化学合成原料药的生产大多为化学反应过程，并且伴随着大量的易燃易爆物质存在，当上述控制手段没有或不能将风险降低至企业可接受的程度时，就需要在工艺过程中增加安全设计，这些安全措施称为功能安全，其控制系统称作安全仪表系统（SIS）。一般在危险分析（常用 HAZOP 分析）中确认并提出控制方案，在确定方案安全有效时，需要采取定性、定量方法，目前常用的方法是保护层分析（LOPA）法。一般利用保护层分析法对 SIS 回路进行半定量的安全完整性等级（SIL）评估，最终确定安全仪表系统的设计。

不同 SIL 回路不仅对回路中各个构件（检测元件、控制器、执行元件）的等级有要求，并且对回路的结构约束也有严格的要求，如 SIL1 回路需要回路中的检测元件、控制器、执行元件的等级不低于 SIL1，并且需要针对各构件的具体等级进行整体计算验证后确定。下面介绍一下化学合成原料药药生产中几种常见的安全仪表系统（SIS）设计。

6.1.3.1　加氢反应釜的安全仪表系统设计

加氢工艺是应急管理部发布的重点监管的危险化工工艺的一种，是化学合成原料药生产的常见工艺。氢气的爆炸极限为 4%～75%，具有高燃爆危险特性，并且加氢工艺通常为高压工艺，如果基本过程控制系统（BPCS）的温控失败、压力控制失败或搅拌电机故障，就会导致反应失控，反应器可能超压、泄漏、断裂，造成人员伤亡。根据国家及地方相关部门的规定，加氢工艺需要组织 HAZOP 分析和 SIL 定级，确定是否需要设置安全仪表系统及如何进行安全仪表系统的设计，图 6-17 为按 SIL1 设计的加氢反应釜的安全仪表系统 P&ID 图。

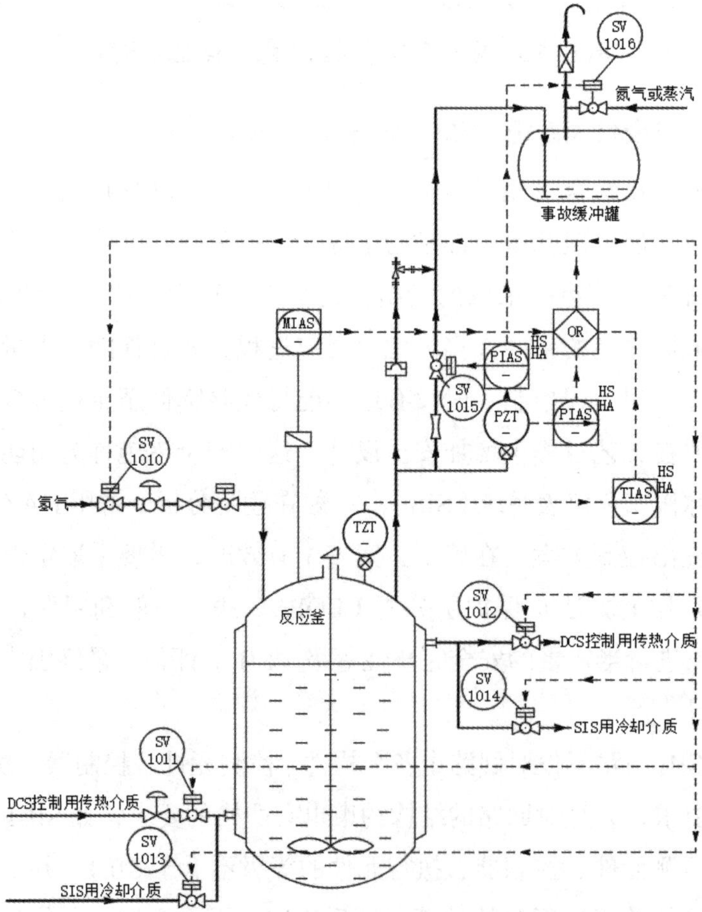

图 6-17　加氢工艺安全仪表系统控制流程

加氢工艺安全仪表系统的联锁逻辑如图 6-18 所示。

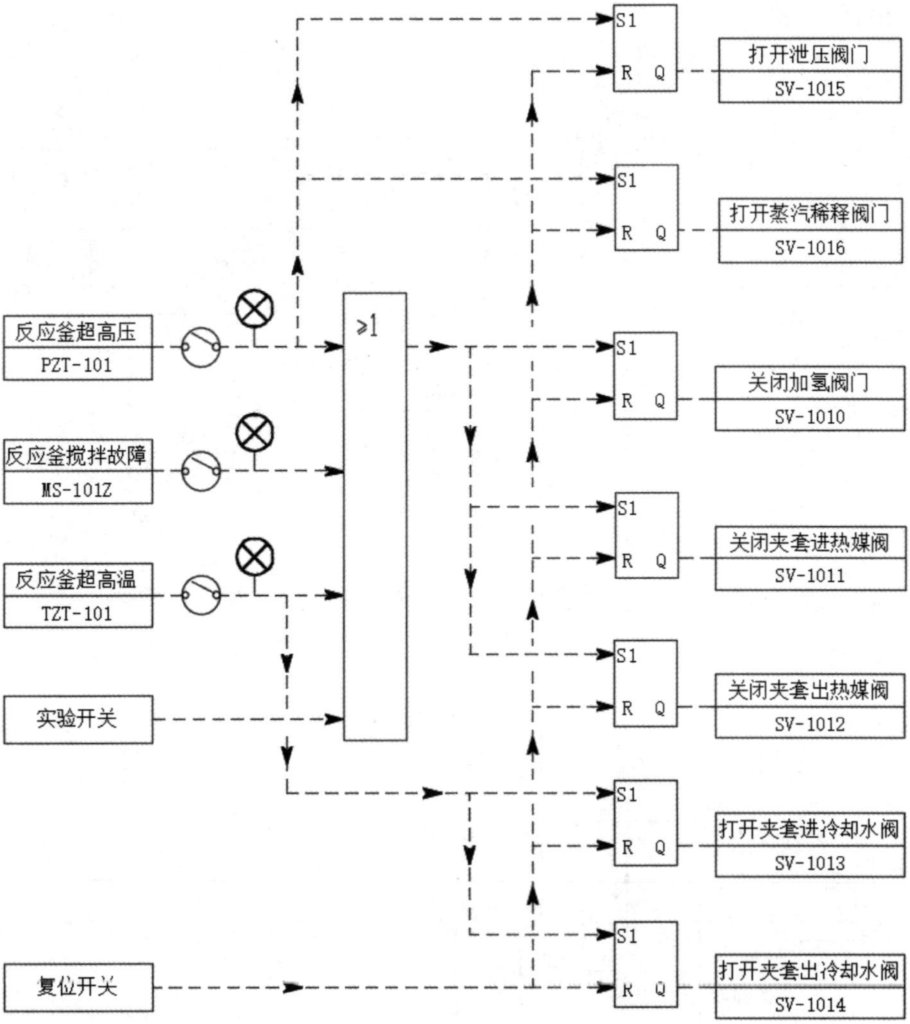

图 6-18 加氢工艺安全仪表系统的联锁逻辑

6.1.3.2　精馏（蒸馏）过程的安全仪表系统设计

精馏（蒸馏）过程的安全仪表系统设计及联锁逻辑如图 6-19 和图 6-20 所示。

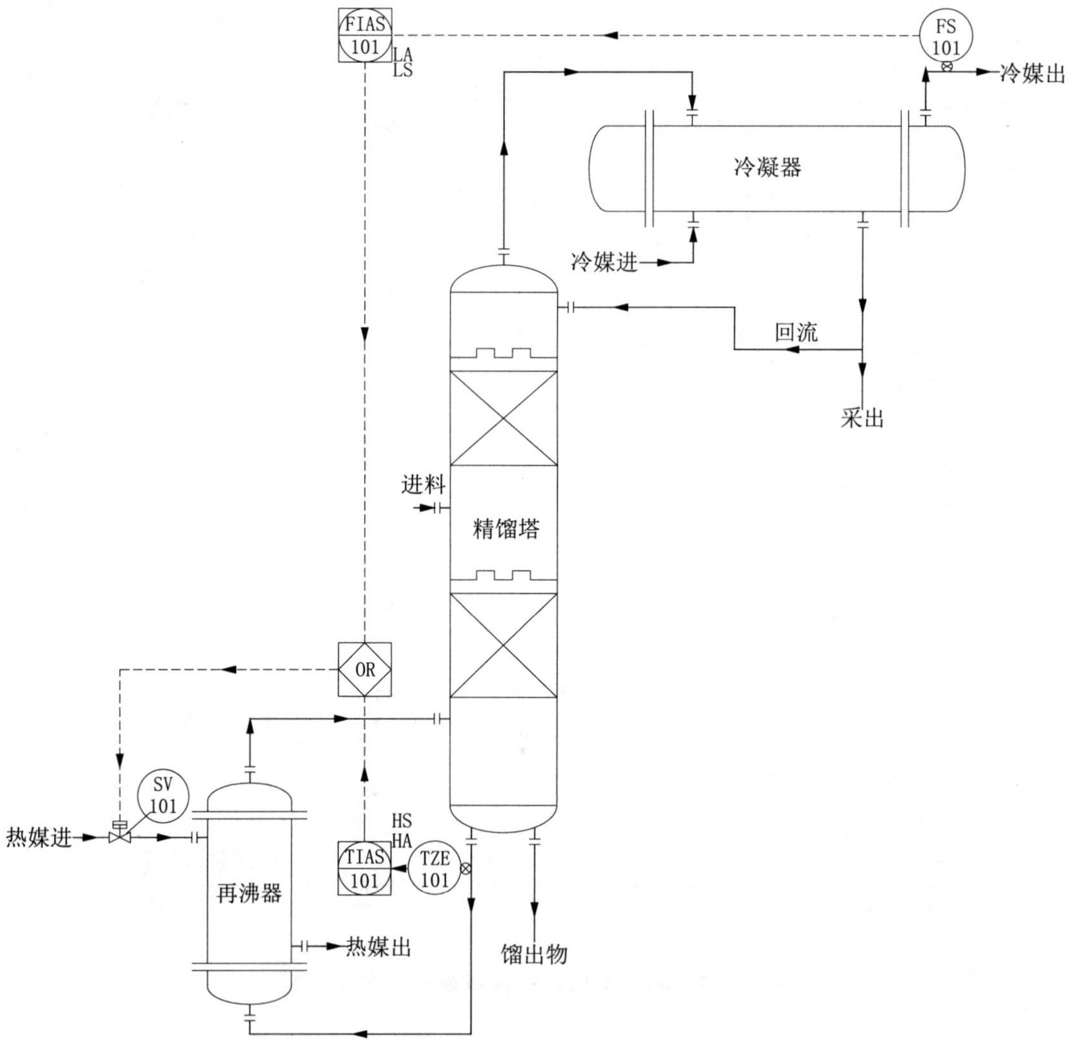

图 6-19　精馏（蒸馏）过程安全仪表系统控制流程

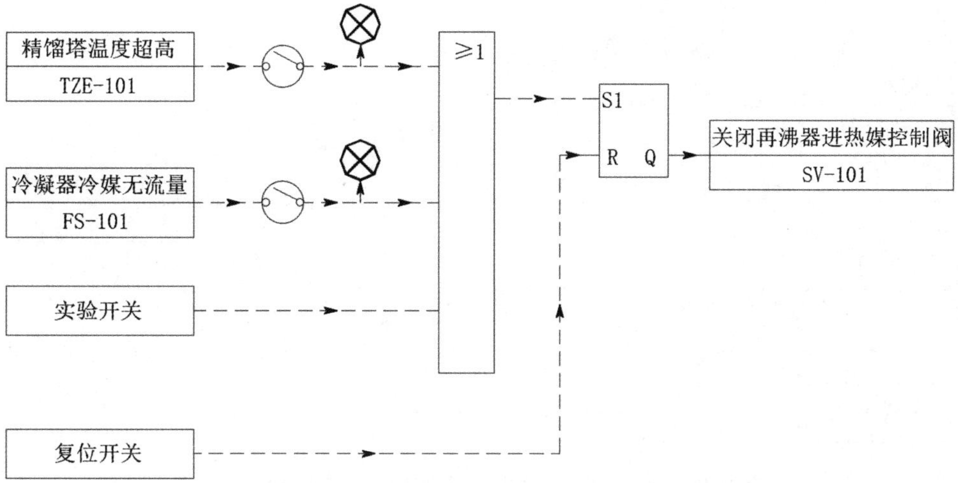

图 6-20　精馏（蒸馏）过程安全仪表系统的联锁逻辑

6.1.3.3　危险物料储罐的安全仪表系统设计

化学合成原料药生产中经常会遇到危险性很高的物料（如重点监管的危险化学品），这些物料储存在车间的中间储罐或计量罐中，如果加料过程中有物料溢出，会造成燃爆危险或中毒危险，如果 HAZOP 分析时确认这些储罐需要安全仪表系统，则需要进行安全仪表系统的设计。图 6-21 为按 SIL1 设计的中间储罐的安全仪表系统 P&ID 图，其联锁逻辑如图 6-22 所示。

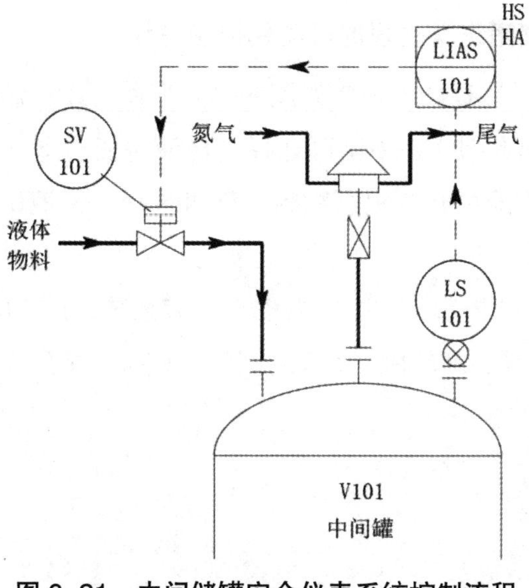

图 6-21　中间储罐安全仪表系统控制流程

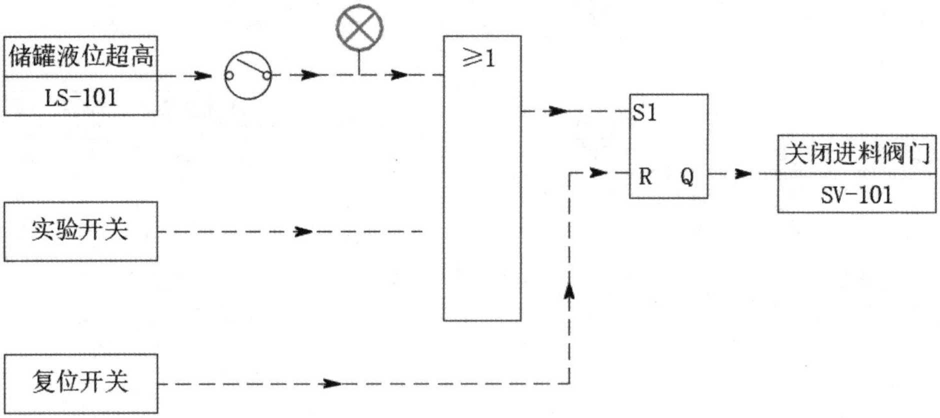

图 6-22　中间储罐安全仪表系统的联锁逻辑

6.2　罐区自动化控制设计

6.2.1　罐区的特点

化学合成原料药罐区与化工或石油化工罐区相比，具有以下特点：一般为常压储罐，容量较小（一般小于 100 m^3），很少构成一二级重大危险源。化学合成原料药罐区自动化控制设计的主要内容为罐区进出料控制、进出料计量及管理。

6.2.2　罐区储罐进料过程的自动化控制设计

罐区储罐进料过程的 P&ID 如图 6-23 所示。图中流量计一般采用质量流量计，储罐液位计 LT-101 可选择差压液位变送器、雷达液位计或磁翻板液位计，储罐液位开关根据物料特性可选择音叉液位开关、浮球开关或外贴式液位开关。

经过 HAZOP 分析后，如果需要安全仪表系统，LS-101 为有 SIS 要求的液位开关；SV-101 为有 SIS 要求的阀门，该阀门采用失电关闭型。

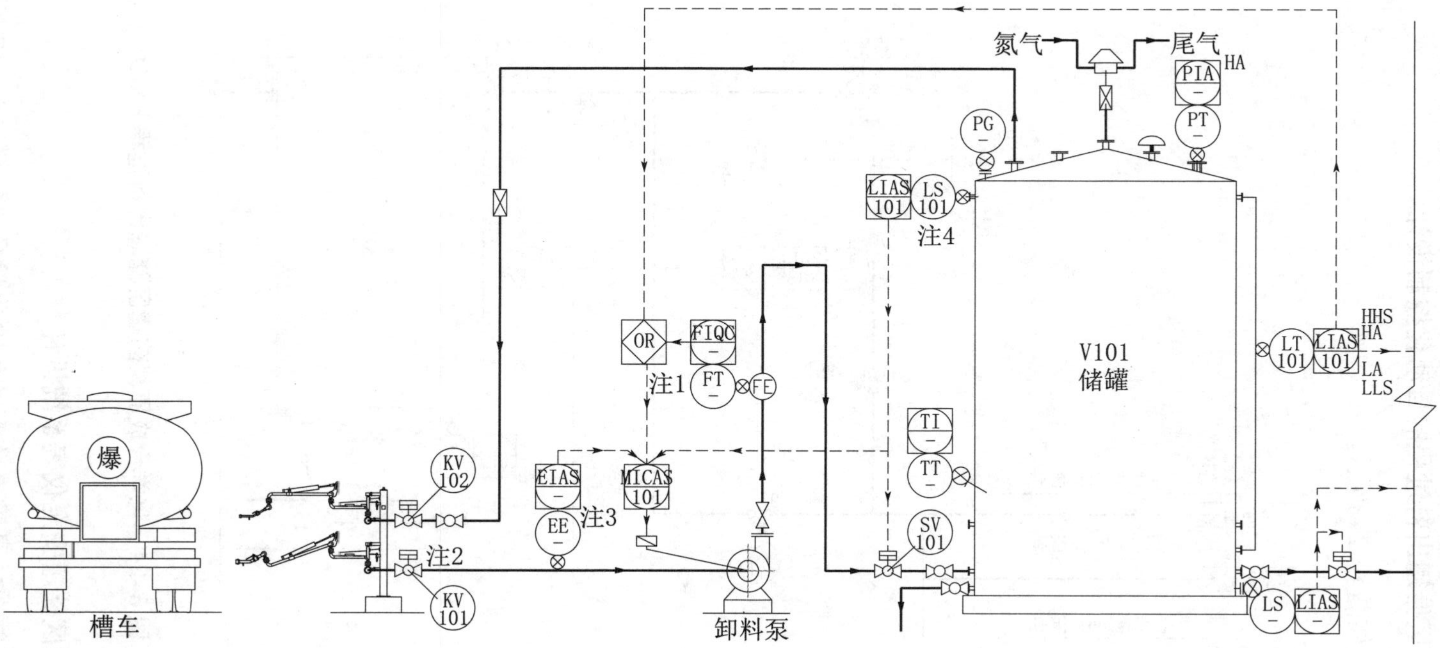

图 6-23　化学合成原料药罐区储罐进料过程 P&ID

图6-23 化学合成原料药罐区储罐进料过程PID图

6.2.3 罐区储罐出料过程的自动化控制设计

具体内容如图 6-24 所示。

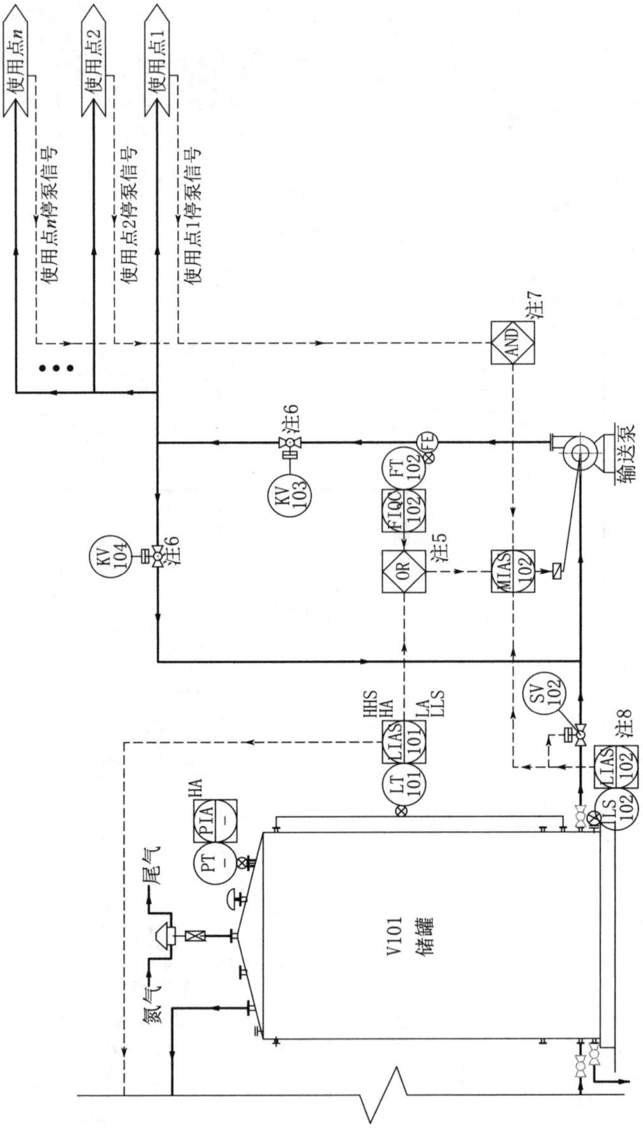

图 6-24 化学合成原料药罐区储罐出料过程 P&ID

6.2.4 罐区储罐安全仪表系统设计

如果储罐储存的是重点监管的危险化学品，且罐区为一二级重大危险源，经 HAZOP 分析需要设计安全仪表系统（SIS），常见的 SIF 回路为：储罐的高液位联锁关闭储罐进料阀，联锁停止卸料泵，其联锁逻辑如图 6–25 所示。

罐区出现事故时，需要在控制室和现场能够实现一键停车控制。常用的控制回路如图 6–26 所示。

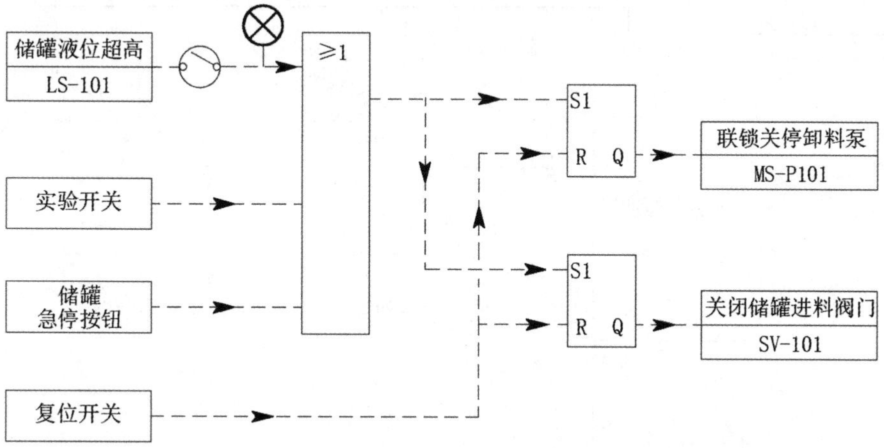

图 6–25　罐区储罐安全仪表系统的联锁逻辑

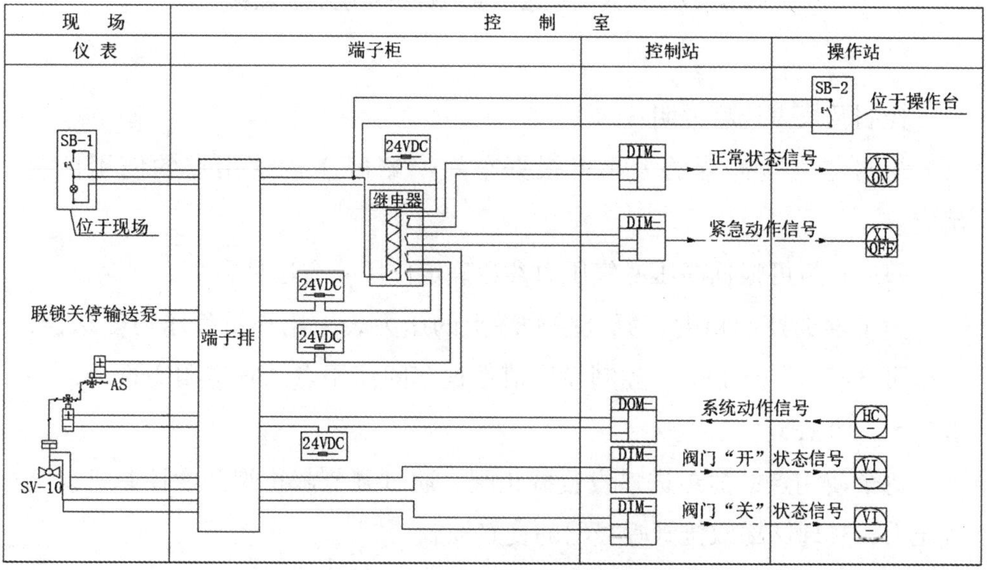

图 6–26　罐区一键停车回路

6.3 氮气保护系统的自动化控制设计

车间（罐区）的易燃易爆储罐氮气保护一般采用微正压氮气系统，常采用双接管呼吸器，其工艺控制流程如图 6–27 所示。

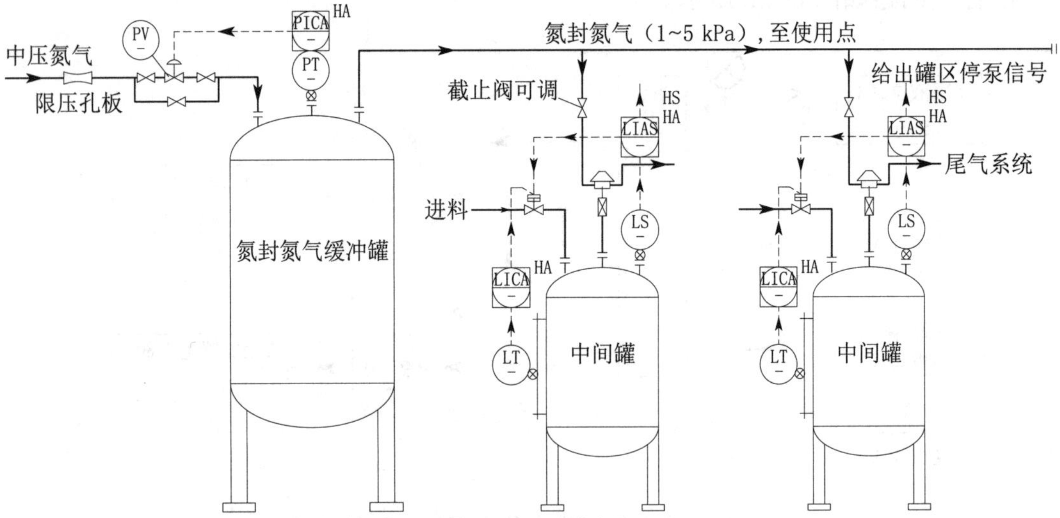

图 6–27　车间（罐区）氮气保护系统控制流程

控制及仪表选型说明：

氮封氮气缓冲罐的大小可根据车间（罐区）内使用点的使用情况确定。

限压孔板可根据高压氮气压力参数确定使用一个还是多个。

为了增加控制精度，氮气缓冲罐上的压力表采用小量程压力变送器，量程可选择 0 ~ 25 kPa；控制设定值根据车间使用点的管道阻力选择，一般为 5 ~ 10 kPa。

每个使用点的氮封进口设置截止阀，通过调节截止阀开度控制进口氮气压力，实现储罐双接管呼吸器的良好控制。

储罐上的双接管呼吸器，可根据工艺要求，合理确定排尾气压力设定值和吸入氮气压力设定值，并相互匹配以满足控制要求。

6.4 尾气处理系统的自动化控制设计

化学合成原料药反应釜或储罐的尾气处理根据尾气性质不同有不同的处理方案，这里介绍一种非含酸但含易燃易爆气体的尾气处理方案。

化学合成原料药生产过程中反应釜或储罐排出的易燃易爆尾气，需要收集后到厂区进行集中处理（如到焚烧炉焚烧或高空排放），集中管道上需要微负压控制，其控制流程如图 6-28 所示。

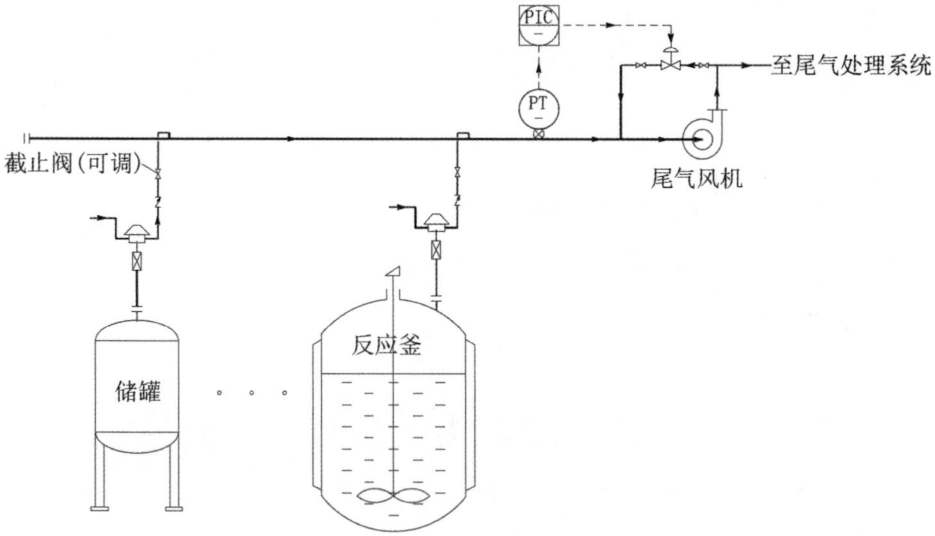

图 6-28 易燃易爆尾气处理控制流程

为了增加控制精度，尾气主管道上的压力变送器采用小量程压力变送器，量程可选择 −6 kP ~ +6 kPa；控制设定值根据管道阻力选择，一般 −3 ~ −1 kPa。

每个使用点的尾气出口设置截止阀，可调节出口压力，实现双接管呼吸器氮气和尾气压力的良好匹配。

随着检测技术和控制技术的不断发展，化学合成原料药自动化控制技术会更高效、更精细、更全面、更彻底，并与数据采集与监视控制系统（SCADA）一并汇入制造执行系统（MES）实现车间层面的全方位控制，再通过通信系统进入全厂企业资源计划（ERP）系统实现企业计划、管理、控制一体化，为企业实现智慧工厂打下坚实基础。

第7章　医药洁净工程设计

化学制药工程设计除包括我们前面几章讨论的工艺流程设计、布置设计、设备及管道设计等化学工程内容外，还与其他学科和工程技术领域有着广泛的联系，其中药品制造领域的洁净工程就是十分重要的一环，这部分内容主要包括纯化水和注射用水的制备与供应、净化空气的制备与供应等。下面我们就工程设计中的经常遇到的与洁净工程关系密切的几个问题做一些讨论。

7.1　高活性产线的污染控制设计

某些高活性、高毒性产品在产业化生产过程中，由于设备、设施以及人员操作上的问题，会造成药品制造空间环境的污染，避免这类污染影响操作人员的身体健康以及制造系统的顺利运行，是环境质量控制和防污染设计的方向和目的，即保护职业人员的健康安全，同时保证药品的产品质量。

7.1.1　职业接触限值的要求与确定

制造区域内的工艺操作空间由高活性产品产生的气溶胶污染，我们用职业接触限度（OEL）来评价它。如图 7-1 所示。职业接触限度是职业性有害因素的限制量值，是职业暴露等级（OEB）的确定依据，它是指在职业活动中（指定的空间范围）长期反复接触对机体不引起急性或慢性有害健康物质的容许接触水平（这里我们只讨论化学危害因素，不讨论物理危害因素），也称无可见损害作用水平（NOAEL）。化学因素的职业接触限值可以分为时间加权平均容许浓度（PC-TWA）、最高容许浓度（MAC）和短时间接触容许浓度（PC-STEL）三类。

我国及国际上关于职业性接触毒物危害程度的相关内容见表 7–1 至表 7–4，供参考。

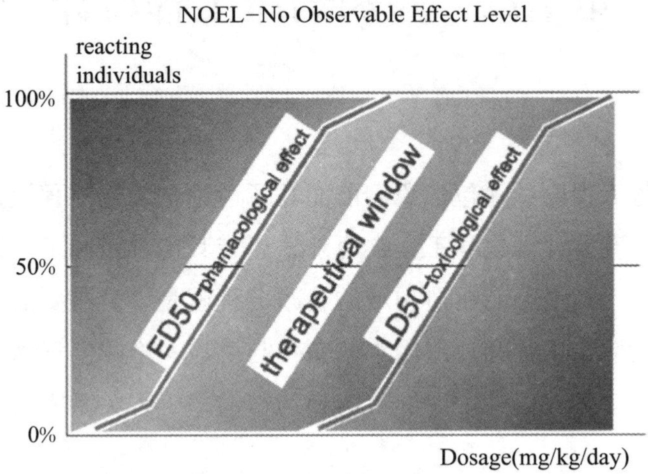

图 7–1　接触限值

表 7–1　中国职业性接触毒物危害程度分级

类别	Ⅰ	Ⅱ	Ⅲ	Ⅳ	–
气体 /ppm	< 100	100 ~ 500	500 ~ 2 500	2 500 ~ 20 000	>20 000
致敏性	能引起特定呼吸系统过敏和重要脏器大的不可逆损伤	能引起人类皮肤过敏	动物证据充分，但无人类相关证据	无明确的动物证据	无致敏性
致癌性	致癌物	近似致癌物	可能致癌物	非致癌物	非致癌物
THI	> 65	50 ~ 65	35 ~ 50	< 35	–

注：表中数据取自《中华人民共和国国家职业卫生标准》(GBZ 230—2010)。

表 7–2　中国职业暴露等级（OEB）分类

暴露等级	接触限度	慢性毒性	特性	控制策略
1	> 1 000	低	药物活性低，非常安全	常规的房间通风系统；带有局部排气通风的常规开放式设备

（续表）

暴露等级	接触限度	慢性毒性	特性	控制策略
2	50 ~ 1 000	低	成分有害且 / 或有低的药物活性	半封闭或全封闭的物料转运系统；层流 / 定向层流，工程化的局部排气通风
3	20 ~ 50	中	成分有中等毒性且 / 或有中等药物活性	使用直接耦合或封闭的系统进行转移；选择使用单向流设备
4	1 ~ 20	严重	成分有毒性且 / 或有高的药物活性	全封闭工艺；直接耦合传递；隔离技术
5	< 1	非常严重	成分极毒且 / 或有非常高的药物活性	隔离技术；远程操作；全自动化

注：摘录自国家食药局核查中心《药品共线生产质量管理指南》，OEL 单位为 μg/m³。

表 7–3 纽曼“性能 – 基于医药工业暴露限度”

暴露等级	接触限度	建议设计控制措施	特性
1	> 1 000	整个房间通风良好，可以在敞开设备内操作	化学组分有很低的药理活性；可以进行安全的处理加工
2	50 ~ 1 000	半封闭或全封闭的物料转运系统；层流 / 定向层流，工程化的局部排气通风	成分有害且 / 或有低的药物活性
3	20 ~ 50	使用直接耦合或封闭的系统进行转移；选择使用单向流设备	成分有中等毒性且 / 或有中等药物活性
4	1 ~ 20	全封闭工艺；直接耦合传递；隔离技术	成分有毒性且 / 或有高的药物活性。注：被认为有潜在的高的或极高的毒性和药理毒性的未知有毒化合物，根据其医疗等级或其他指示，不建议采用 OEB4 级
5	< 1	隔离技术；远程操作；全自动化	成分极毒且或有非常高的药物活性

注：OEL 单位为 μg/m³。

表 7-4　美国国家职业卫生管理局（NIOSH）健康危险因子分类

项目	HHB1	HHB2	HHB3	HHB4	HHB5
毒性	低度	低度 – 中度	中度	高度	高度
药理活性水平	低活性	低 – 中	中	高	极高
不良事件的职业暴露途径	无需关注职业暴露	很轻和可逆的	中度和可逆的	中度和不可逆的，或者严重和低限度可逆的	高度和不可逆的，或者几乎不可逆
伤害举例	轻度皮肤、眼睛、呼吸道妨碍	中度皮肤、眼睛、呼吸道妨碍，影响目标器官	严重妨碍、皮肤敏化剂、影响肝脏或其他目标器官	严重的 I 类过敏剂，可疑或确认的致癌物	基因的、反复的、不断发展的伤害反应
OEL 规定值（$\mu g/m^3$）	$>1\ 000$	$1\ 000 \sim 100$	$100 \sim 10$	$10 \sim 1$	<1

制定 OEB 的目的是为各个制药产品选择合适的生产设施和操作规程，制定一个分级标准，以方便建设和运营管理。OEB 参数对药厂的设计和设施选择是非常有意义的。

OEB 的确定主要有以下三个步骤：① 确定所处理药物的 OEL 值；② 参考 OEB 分类中的建议，确定防护等级；③ 按照 OEB 的建议，采用合适的设施设备和管理措施。

职业接触限度可以通过计算公式求得。

$$\mathrm{OEL}=\frac{\mathrm{NOAEL}\cdot \mathrm{BW}}{V\cdot \mathrm{SF}} \tag{7-1}$$

式中：OEL——职业接触限度，$\mu g/m^3$；

NOAEL——无可见作用水平，mg/kg/d；

BW——体重，kg；

V——呼吸量，m^3/d（成年人 8 h 呼吸量，可取 10 m^3）；

SF——安全因子。

7.1.2 高活性产品产线的工程措施

根据高活性产品的 OEB，确定其管控措施，以满足职业防护的要求，这方面我们通常按三级屏障的要求来处理。

第一级防护屏障是考虑工艺设备与物料传输系统的密闭，防止高活性产品的泄漏和逸出。

第二级防护屏障是指操作空间内 HVAC 系统的规范运行，对存有高活性产品的区域或空间的空气系统进行隔离或限制。

第三级防护屏障是指职业操作人员的个人防护，防止高活性产品对人员的伤害。

7.1.2.1 第一级屏障

在第一级屏障中，工艺设备的密闭性是防止物料泄漏的关键和基础。密闭性过低，增加 HVAC 系统的负担和人员的防护等级；密闭性过高，增加工艺设备的投资，但降低 HVAC 系统的投资和人员的防护等级，因此需要有一个综合考虑。

图 7-2 是常用设备的密闭要求与方案的举例，供在药厂工艺设计中参考。

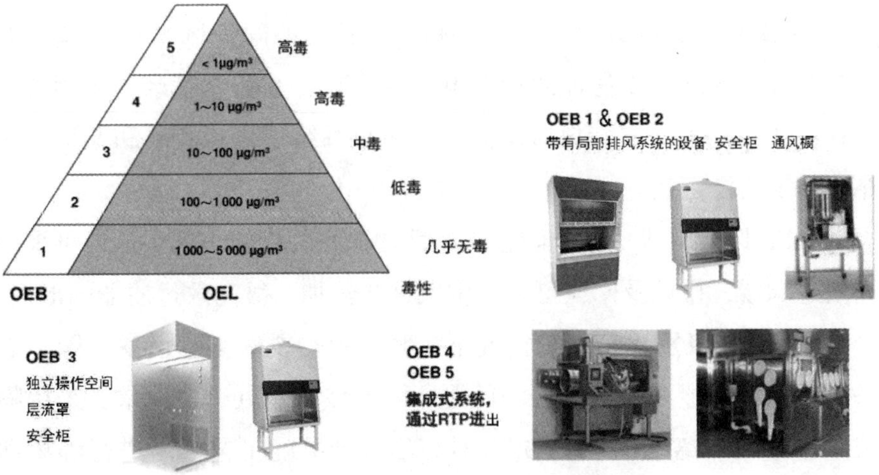

图 7-2 密闭隔离级别示例

在高活性物质的处理和传输过程中，防止工艺设备和设施泄漏是首先要考虑的，因此我们需要首先确定工艺设备的密闭等级，并以此为基础对设备进行选择以及对配套公用系统和设施进行确定。表 7-5 是设备密闭分级原则，设计选型时可以参考。

表 7–5　设备的密闭分级与要求

密闭级别	设计原理	备注
CS1	常规的开放式设备，容易接触到化合物	总体受控，HVAC/LEV（局排）
CS2	带垫圈的法兰连接，层流 / 单向流，密闭输送	使用 A/L，专用局部排风
CS3	高密闭阀（如分体蝶阀）连接	简单的隔离技术，采用耦合技术输送
CS4	负压隔离技术	用隔离器实现物料密闭传输
CS5	全自动远程操作，无人员接触	

7.1.2.2　第二级屏障

第二级屏障主要是有关建筑和 HVAC 系统的要求。具体要求如下：

① 有 OEL 区域和非 OEL 区域，应分别设置独立的空调机组，防止高活性区域的气流与非高活性区域的混淆而产生交叉污染。

② 在技术夹层设置一个零压环路，让各功能间（区）的空气压力控制均与此环路连接，以保证此功能单元各功能间（区）基准压力相同。另外，在零压环路上需安装风减震阀，以防止系统零压点波动和漂移，保证 HVAC 系统的稳定运行。

③ OEL 区域的排气采取防止高活性物泄露的措施，其中送风可采用一级高效过滤器，排风及回风可采用中效过滤器加二级高效过滤器的形式。

④ 在 OEB 级别比较高的情况下，我们也需要对工艺设备周围的靠近设备高活性物质泄漏点的部分空间进行隔离或限制处理，通常会采用隔离器或限制进入隔离系统（RABS）对高活性产品的工艺活动进行隔离和保护，以避免或降低高活性物质逸出和扩散至人员活动空间（有人员呼吸和接触的场所）的可能性。

隔离器按照密封箱室泄漏率来划分分为 4 个等级，1 级箱室的密闭等级最高，见表 7–6。

根据防护要求，高活性产品使用的隔离器，其工艺活动属于长期具有有害气氛的密闭箱室，其密闭级别属于 2 级或 3 级。

表 7–6　密封箱室小时泄漏率分级

级别	小时泄漏率，T_t/h	示例
1*	$\leqslant 5 \times 10^{-4}$	具有受控惰性气氛的密封箱室
2*	$< 2.5 \times 10^{-3}$	具有受控惰性气氛或长期具有有害气氛的密封箱室
3	$< 10^{-2}$	长期具有有害气氛的密封箱室
4	$< 10^{-1}$	可能产生有害气氛的密封箱室

注：* 对于要采用 1 级和 2 级密封箱室的具体情形，所要求的密封性的级别必须由设计者、用户和审管部门决定。通常，当要求较高的气体纯度时，由于技术原因，要采用 1 级密封箱室。

密封箱室泄漏检验方法有三种：含氧法、压力变化法和恒压法。其中 2 级和 3 级密闭箱室均可采用压力变化法测定隔离器的密闭性（详见 ISO10648）。

7.1.2.3　第三级屏障

第三级屏障是对操作人员的一道防护，通常根据第一、二级屏障的控制以及可能的泄漏量来确定。根据《医院隔离技术规范》（WS / T311–2009）和《医疗机构内新型冠状病毒感染预防与控制技术指南（第一版）》（国卫办医函〔2020〕65 号）的规定，在最不利的情况下，需要配备正压操作服，参见图 7–3。

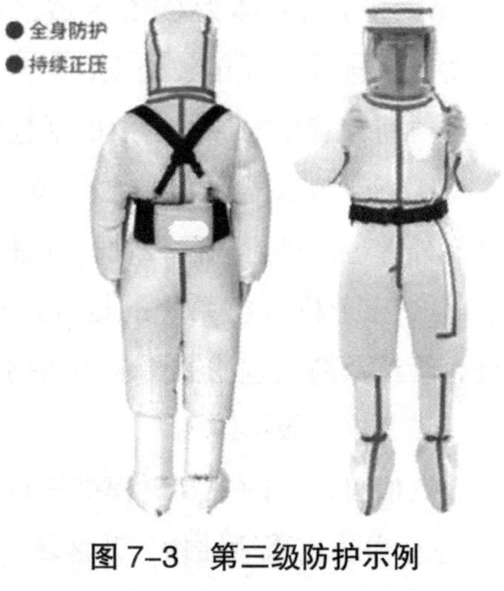

图 7–3　第三级防护示例

7.1.2.4　综合防护举例

下面我们以冻干设备为例，说明一下第一、二级屏障的设置问题。冻干机如图 7–4 所示。

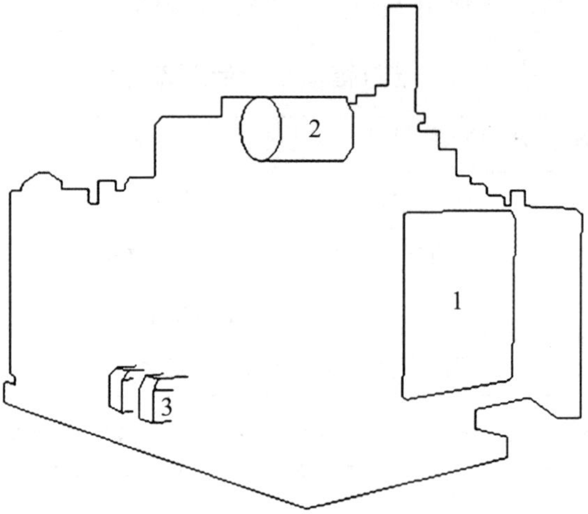

1. 冻干室柜门；2. 冷凝器；3. 真空泵。

图 7–4　冻干机示意

（1）第一级屏障

首先要考虑冻干机存在高活性成分区域的密闭要求，主要有以下几点：

① 冻干机腔体为 OEL 区域，一次 CIP 冲洗液可能含有 OEL 药物，废水要密闭排放并要单独处理；另外，OEL 废水的处理要尽可能少，要验证冲洗时间，避免增加不必要的活性污水的处理负荷。

② 冻干机安全阀的排放管道需要考虑活性药物，严禁排到洁净室，排到室外的也要进行风险评估，并确定处理措施。

③ 冻干机真空系统的排气需要设置二级高效过滤，并且可以在线清洗，管道及高效过滤器要求不锈钢材质，废水应密闭并单独收集。

（2）第二级屏障

我们可采取的主要工程措施有建筑措施和 HVAC 系统措施。

① 为防止高活性物工艺区域空气外泄至其他区域，高活性物工艺区域

应相对于非高活性物工艺区域为负压。

② 在高活性物工艺区域和非高活性物工艺区域之间设置正压气锁，防止两边空气的交互和交流。

③ 在发生高活性产品泄漏时，应在更衣退出通道设置操作人员进行紧急撤离时的喷淋。

④ 冻干控制室应考虑设计为 OEL 区域，以保护操作人员的健康安全。

7.2 共线产线的污染控制设计

生产某些激素类、细胞毒性类、高活性化学药品应当使用专用设施和设备；特殊情况下，如采取特别防护措施并经过必要的验证，上述药品则可通过阶段性生产方式共用同一生产设施和设备。这是很多国家和地区监管机构发布的 GMP 条款内容。在药品制造过程中，交叉污染会来自未加控制的一些物质，比如原料、其他起始物料、其他同时生产的产品、设备残留及操作人员工作服残留的粉尘、气体、蒸汽、气溶胶、遗传物质和有机体等的释放。如果无法通过操作和 / 或技术措施对风险进行充分控制，毒理学科学数据也无法支持对风险进行控制，或通过毒理学评估所获得的相关残留限度不能采用经过验证的分析方法检测得到满意结果的情况，基本都要求使用专用设备来解决；对效价和毒性的质量风险管理过程的评估，也是基于控制产品生产中会出现的交叉污染。

7.2.1 共线生产与风险

药品的共线生产是指多种药品共用生产线进行生产，包括共用生产厂房、设施和设备［这里不讨论共用质量控制实验室（QC）、库房、取样间等辅助设施、仪器］。我们在评估产品共享设备、设施的时候，首先要考虑这两个或两个以上产品是否适合共线，即是否存在高活性、高毒性、高致敏性的特征。

可以理解的是，使用专线生产固然可以避免交叉污染带来的风险，但同时也会大幅度提高药品生产设施建设的投资水平。而共线生产可以有效地提高设施设备的利用率，但同时会带来交叉污染的风险。能否进行共线生产，主要取决于产品的品性，主要是产品的毒性和活性指标。很显然，对于高毒性、高活性产品来说，我们倾向于专线生产，低毒性、低活性的产品，我们倾向于共线生产。那如何来判断和确定共线生产而产生的交叉污染风险呢？

在对药品共线生产的风险进行识别时，我们需要对药品的毒性和活性进行评价，常用指标包括致死剂量、阈剂量、最大无作用剂量和毒作用带等，其中阈剂量（TTC）在毒理学试验中获得的类似参数有最低可见损害作用水平或最低有毒剂量（LOAEL）和无可见损害作用水平或无可见损伤剂量（NOAEL），后者是指在毒理学试验中未观察到损害作用的剂量。

7.2.2　活性成分残留限度

解决制造过程中的残留是一种降低交叉污染风险的措施。残留限度被广泛应用于制药行业，默认限度值 10 ppm 和最低日治疗剂量 1‰两种方法是制药行业传统的控制活性成分残留的方法，至今仍为一些监管部门所认可，因此这里我们也对这类传统做法做一些说明介绍。

7.2.2.1　默认限度值——10 ppm

上一产品（A）的活性物质在下一产品（B）中的残留累计数量级别应不超过十万分之一（10 ppm）（最高允许十万分之一残留源于食品法规，食品法规允许某一有害物质作为食物链存在于动物和家禽中存在的水平。实验室通常配备的仪器如 HPLC、紫外可见分光光度计、薄层色谱等的灵敏度一般都能达到 10×10^{-6} 以上，因此该限度标准不难被检验）。

设下一产品的生产批量为 MBS 千克，因残留物浓度允许最高为 10×10^{-6}，即 10 mg/kg，则残留物总量最大为 10×10^{-6} MBS ＝10 MBS mg；单位面积残留物的限度为残留物总量除以测量的与产品接触的共用表面积，则设备共用表面残留物允许浓度限度的计算公式如下：

$$\mathrm{SAL}=\frac{\mathrm{MACO}}{\mathrm{SSA}}=\frac{10\mathrm{MBS_B}}{\mathrm{SSA}} \qquad (7\text{-}2)$$

式中：SAL——上一产品的活性物质残留量，mg/cm^2；

MACO——上一产品残留在下一产品中的活性物质量，mg；

MBS_B——下一产品的最小批量，kg；

SSA——产品共用设备表面积，cm^2。

7.2.2.2 最低日治疗剂量的 1‰

上一产品（A）的活性物质残留量不超过下一产品（B）其正常治疗日最大剂量中上一产品最低日治疗剂量的 1‰。

取上一产品（A）最低日治疗剂量的 1/1 000 作为标准残留物限度，认为即使存在很大的个体差异，该剂量也不会对人体产生药理反应。数据 1/1 000 源于三个因素：一般认为药物的 1/10 处方剂量是无效的；1/10 是安全因子；1/10 是耐受因子。

计算公式如下：

$$SAL = \frac{MACO}{SSA} = \frac{1}{1\,000 \cdot SSA} \cdot \frac{MTD_A}{TDD_B} \cdot MBS_B \cdot S_B \tag{7-3}$$

整理得

$$SAL = \frac{MTD_A \cdot MBS_B \cdot S_B}{1\,000 \cdot TDD_B \cdot SSA} \tag{7-4}$$

式中：SAL——单位面积设备表面残留限度，mg/cm^2；

MACO——上一产品残留在下一产品中的活性物质量，mg；

MTD_A——上一产品最小日给药剂量中的活性成分含量，mg；

MBS_B——下一产品的最小批量，kg；

TDD_B——下一产品的日给药剂量（包括活性成分和辅料），mg；

S_B——下一产品活性成分含量的质量百分比，%；

SSA——产品共用设备表面积，cm^2。

7.2.2.3 基于毒性数据的计算标准

在允许共线生产的前提下，可以通过工艺控制来减少药物残留，设置药物残留限度并进行清洗验证。而这些评估，都是要根据药品的毒理学数据来进行的。

针对这种情况，欧洲药品管理局（EMA）发布了用于在共用设施生产不同药品风险识别的健康暴露限度（HBEL）设定的指南文件，用于审阅和评价单个药物活性成分的药理学和毒理学数据，从而使确定的阈值水平符合 GMP 指南。这些阈值水平可以作为风险识别的工具，也可以用来证明清洁验证中的残留限度。

在评价化学物质的毒性时，传统的 10 ppm 和 1‰的方法都没有考虑现有的药理学和毒理学数据，而健康暴露限度（HBEL）是一种确保所有类别药品进行合理风险辨识和支持风险降低措施的更加科学的解决方案，下面提供了几种健康暴露限度（HBEL）计算残留限度的方法，供大家研读。

方法一：

基于 ISPE 的 Risk-MaPP（第二版）确定日接受暴露值（ADE）。限度一般基于无可见损害作用水平（NOAEL）或最低可见损害作用水平（LOAEL）等相关毒性数据。计算方法如下：

$$\mathrm{ADE}=\frac{\mathrm{NOAEL}\cdot\mathrm{BW}}{F_C\cdot\mathrm{MF}\cdot\mathrm{PK}} \tag{7-5}$$

式中：ADE——日接受暴露值，mg/day；

NOAEL——无可见损害作用水平，mg/kg/day；

BW——服用下一产品的患者体重，kg；

F_C——综合调整因子；

MF——基于毒理学家的修正因子；

PK——与给药途径相关的药代动力学因子。

$$\mathrm{SAL}=\frac{\mathrm{MACO}}{\mathrm{SSA}}=\frac{\mathrm{ADE}\cdot\mathrm{MBS_B}}{\mathrm{TDD_B}\cdot\mathrm{SSA}} \tag{7-6}$$

式中：SAL——单位面积设备表面残留限度，$\mathrm{mg/cm^2}$；

MACO——上一产品残留在下一产品中的活性物质量，mg；

$\mathrm{MBS_B}$——下一产品的最小批量，kg；

TDD_B——下一产品的最大日给药剂量，mg；

SSA——产品共用设备表面积，cm^2。

方法二：

基于 EMA《用于共线产品生产中风险识别的基于健康的暴露限的建立指南》确定日允许暴露值（PDE）（在 ICH Q3 中也有提及），它是指一个跟活性物质本身性质相关的剂量，如果在生命周期内每天使用该剂量或者低于该剂量，那么就不会产生不良反应。

计算方法如下：

$$PDE = \frac{NOAEL \cdot BW}{F1 \cdot F2 \cdot F3 \cdot F4 \cdot F5} \quad (7\text{-}7)$$

式中：PDE——日允许暴露值，mg/day；

NOAEL——无可见损害作用水平，mg/kg/day；

F1——动物数据外推至人类的校正因子，小鼠 12、大鼠 5、兔 2.5、狗 2，取值 2 ~ 12；

F2——个体差异因子，取值 10；

F3——考虑研究时间，少于 4 周重复剂量研究取 10，研究了器官的形成过程和研究了动物寿命一半的时间取 1，取值 1 ~ 10；

F4——用于严重毒性情况的因子，如非遗传毒性致癌性、神经毒性或致畸性，取值 1 ~ 10；

F5——如果没有确定无影响水平，可以应用的可变因素；只有 LOEL 可用时，根据毒性的严重程度，可以使用高达 10 的因子。

$$SAL = \frac{MACO}{SSA} = \frac{PDE \cdot MBS_B}{TDD_B \cdot SSA} \quad (7\text{-}8)$$

式中：SAL——单位面积设备表面残留限度，mg/cm^2；

MBS_B——下一产品的最小批量，kg；

TDD_B——下一产品的最大日给药剂量，mg；

BW——服用下一产品的患者体重，kg；

SSA——产品共用设备表面积，cm^2。

方法三：

基于ASTM E3219–20指南，健康暴露限度（HBEL）的计算方法如下：

$$\text{HBEL} = \frac{\text{NOAEL} \cdot \text{BW}}{\alpha \cdot F_T \cdot (\text{MF}-\text{PK})} \tag{7-9}$$

式中：HBEL——健康暴露限度，mg/day；

NOAEL——无可见损害作用水平，mg/kg/day；

BW——服用下一产品的患者体重，kg；

F_T——综合调整因子；

MF–PK——累积因子；

α——接触途径的生物利用度。

$$\text{SAL} = \frac{\text{MACO}}{\text{SSA}} = \frac{\text{HBEL} \cdot \text{MBS}_B}{\text{TDD}_B \cdot \text{SSA}} \tag{7-10}$$

式中：SAL——单位面积设备表面残留限度，mg/cm^2；

MACO——上一产品残留在下一产品中的活性物质量，mg；

MBS_B——下一产品的最小批量，kg；

TDD_B——下一产品的最大日给药剂量，mg；

SSA——产品共用设备表面积，cm^2。

注：公式中的NOAEL也可以使用LOAEL进行计算。

7.2.2.4　基于健康暴露限度的计算实例

（1）他克莫司的PDE计算

$$\text{PDE} = \frac{0.32 \times 70}{2.5 \times 10 \times 1 \times 10 \times 10} = 9.1\ \mu\text{g/d}$$

他克莫司在兔子中的最低有毒剂量（LOAEL）为0.32 mg/kg/d（Toxnet HSDB），F1 = 2.5（兔子），F2 = 10，F3 = 1，F4 = 10（致畸效应），F5 = 10（使用最低有毒剂量LOAEL），成人体重70 kg。

（2）碳酸锂的 PDE 计算

$$\text{PDE} = \frac{45 \times 70}{5 \times 10 \times 1 \times 1} = 63\ \text{mg/d}$$

碳酸锂在老鼠中无明显损伤剂量（NOAEL）为 45 mg/kg/d（ECHA），F1 = 5，F2 = 10，F3 = 1，F4 = 1，F5 = 1（NOAEL）。

鉴于有限的动物数据，考虑剩余不确定性，建议使用一个最大为 10 的额外修正因子，上式计算结果调整为：

$$\text{PDE} = \frac{45 \times 70}{5 \times 10 \times 1 \times 1 \times 10} = 6.3\ \text{mg/d}$$

（3）四氢呋喃（THF）的 PDE 计算

已知整个实验过程和条件如下：

① 试验动物的种属为大鼠，F1 = 5；

② 试验时间是 105 周，涵盖大鼠的整个生命周期，F3 = 1；

③ 产生的病变有致癌性的证据，属严重的毒性，F4 = 10；

④ 产生病变的最低浓度 LOAEL：吸入试验吸入量 200 ppm；

⑤ 接触时间（用于计算接触总量）：每天 6 h，每周 5 d；

⑥ 个体 F2 = 10；

⑦ LOAEL，F5 = 1；

⑧ 体重调整 50 kg；

⑨ THF 分子量 72.10。

此实验中给药的方式是吸入给药，最终的 200 ppm 对应的计量是 0.59 mg/L（5 d × 6 h），即相当于 0.105 mg/L（7 d × 24 h）（具体转换过程请参考 ICH Q3C）。另外，大鼠每天呼吸量按 290 L 计，大鼠体重按 0.425 kg 计，最低有毒剂量为 71.65 mg/kg/d，则

$$\text{PDE} = \frac{71.65 \times 50}{5 \times 10 \times 1 \times 10 \times 1} = 7.2\ \text{mg/day}$$

7.2.3 微生物和内毒素的残留限度标准

7.2.3.1 微生物残留限度

根据产品、剂型、清洁方法的特点以及环境级别等因素制定微生物限度的可接受标准。如果没有其他特殊因素，可以根据生产区洁净级别选用表面微生物限度值。

空间环境级别和淋洗水对应的微生物限度分别见表 7–7 和表 7–8。

表 7–7 空间环境级别对应的微生物限度

取样方式	洁净级别	限度	
擦拭法	A	< 1 cfu/ 碟（∅55 mm）无生长	
	C	< 25 cfu/ 碟（∅55 mm）	或 < 1 cfu/cm^2
	D	< 50 cfu/ 碟（∅55 mm）	或 < 2 cfu/cm^2

表 7–8 淋洗水对应的微生物限度

取样方式	淋洗水	推荐限度	说明
淋洗法	饮用水	< 200 cfu/mL	适用于直服饮片（基于评估可做适当调整）
	纯化水	< 100 cfu/mL	基于评估可做适当调整
	注射用水	< 1 000 cfu/100 mL	后续还有灭菌工序，选择该限度
		< 100 cfu/100mL	后续无灭菌工艺，选择该限度（基于评估可做适当调整）

7.2.3.2 内毒素残留限度

对于有内毒素限度要求的产品，需要进行内毒素残留测试。限度通常和注射用水标准相同，即 < 0.25 EU/mL。如果通过加热除去设备上的热源，内毒素将失去活性，则不需要测试已清洁设备的内毒素残留。

7.2.3.3 清洁剂、消毒剂残留限度

（1）清洁剂、消毒剂的残留限度建立评估

以工艺用水为清洁剂的，不制定标准。

以下一产品使用的同一溶剂作为清洁剂的，如乙醇等，不制定标准。

以酸（如盐酸）碱（如氢氧化钠、碳酸氢钠等）为清洁剂的，最终淋洗水 pH 符合 5 ~ 7 的范围或符合相应工艺用水相关标准。

以易挥发溶剂作为消毒剂使用的，如 75% 乙醇溶液等，通过风险评估确定是否需要制定残留标准。

采用其他清洁剂、消毒剂的，一般情况下，在清洁验证中需要确认残留限度。

若完全没有毒性研究数据，则禁止使用。

（2）清洁剂，消毒剂残留限度计算方法

优先选择健康暴露限度（HBEL）计算清洁剂和消毒剂残留限度，计算公式参考上文。

若不能获得 HBEL，可以使用 NOAEL 或 LOAEL 来计算 HBEL，计算公式参考上文。

若上述数据都不能获得，使用基于半数致死量（LD_{50}）计算残留限度，计算方法如下：

$$\mathrm{NOAEL} = \frac{\mathrm{LD_{50}} \cdot \mathrm{BW}}{\mathrm{MF1}} \tag{7-11}$$

式中：NOAEL——无可见损害作用水平，mg/kg；

LD_{50}——目标残留物在动物体内的半数致死量，mg/kg；

BW——服用下一产品的患者体重，kg；

MF1——基于毒理学家判断的修正因子。

$$\mathrm{SDI} = \frac{\mathrm{NOAEL}}{\mathrm{MF2}} \tag{7-12}$$

式中：SDI——每日残留涉入量，mg/day；

MF2——基于毒理学家判断的修正因子。

$$\mathrm{SAL} = \frac{\mathrm{MACO}}{\mathrm{SSA}} = \frac{\mathrm{SDI} \cdot \mathrm{MBS_B}}{\mathrm{TDD_B} \cdot \mathrm{SSA}} \tag{7-13}$$

式中：SAL——单位面积设备表面残留限度，mg/cm^2；

TDD_B——后一产品的最高日服用剂量，mg；

MBS_B——后一产品的最小批量，kg；

SSA——共用表面积，cm^2。

7.2.4 监管要求对比

世界部分监管机构要求对比见表 7–9。

表 7–9 世界部分监管机构要求对比

监管机构	要求说明
NMPA	认可 NOEL=LD_{50}*BW/SF 的方法，其中 SF 为安全因子，对于活性成分制剂取 1 000，原料药取 100 ~ 1 000；对于清洁剂残留，外用制剂取 10 ~ 100，固体制剂取 100 ~ 1 000，注射剂取 1 000 ~ 10 000
FDA	1. LD_{50} 适用于中间体和清洁剂 2. 基因毒性物质，无 NOEL 时，可采用 1.5 μg/d 毒理学关注阈值（TCC） 3. 未否定目视清洁
EMA	1. LD_{50} 用于计算残留限度，依据不充分 2. 基因毒性物质采用 1.5 μg/d 阈值 TTC 计算残留限度未被认可 3. 未认可 PDE = 10 OEL 来求取 PDE 4. 治疗剂量的 1/1 000 和 10 ppm 的计算方法，可能导致限度太严或不足
WHO	未否定目视清洁
APIC	1. 无法获得 ADE/OEL 等值时，可采用 LD_{50}，其中 SF 局部给药 10 ~ 100，口服制剂 100 ~ 1 000，注射剂 1 000 ~ 10 000 2. 若毒性数据未知时，可采用通用限度值 5 ~ 500 ppm，其中 API 为 100 ppm。 3. 对于原料药早期研发阶段，由于缺少毒理数据，可采用毒理学关注阈值（TTC）：可能致癌 ADE = 1 μg/d；高毒性高活性 ADE = 10 μg/d；其他 ADE = 100 μg/d

7.3 制药工艺用水

7.3.1 制药用水需求与标准

制药工业的纯化水和注射用水的标准应符合药典的要求，出口产品的用水应符合目标国家的法规要求（通常为美国药典或欧洲药典的有关要求）。为保证制药生产设施中生产的产品达到相应的要求，保证检测或实验结果的准确性，需要向环境设施的有关区域提供满足工艺和使用要求的纯化水（PW）和注射用水（WFI）。

7.3.2　纯化水、注射用水制备原理

中国药典（ChP2015）所收载的制药用水，因其使用范围不同而分为纯化水、注射用水，其制水标准和用水要求应符合 GMP 的规定。制水的原水通常为自来水公司供应的自来水或深井水，其质量必须符合国家标准 GB 5749—85《生活饮用水卫生标准》。原水通常不能直接用作制备或实验用水；纯化水为原水经蒸馏法、离子交换法、反渗透法或其他适宜的方法制得的水，不含任何附加剂；注射用水为纯化水经蒸馏所得的水，为符合细菌内毒素试验要求，注射用水必须在防止内毒素产生的设计条件下生产、贮藏和分装。清洁蒸汽为纯化水经蒸馏制得。

纯化水、注射用水工艺设备流程如图 7-5 所示。部分国家或地区纯化水标准见表 7-10。

7.3.2.1　纯化水的制备

水处理系统的规模取决于原水水质、生产用水量以及工艺对水质的要求，其中原水水质和工艺对水质的要求决定制水流程的繁简，而用水量只决定设备的大小。一般来说，当原水为自来水时，预处理的设备就较少，而当工艺对水质的要求较高时，用于去离子、除菌及除微粒的设备较全。纯化水制备是以原水（如饮用水、自来水、地下水或地表水）为原料，经逐级提纯水质，使之符合要求的过程。再通过蒸馏的方法可获得注射用水。因此，水的净化是一个多级过程，每一级都除掉一定的污物，为下一级做准备。

纯化水系统的设计及建造必须考虑到原水水质、原水中常见的污染物及对生产的影响。制水是各种纯化手段的综合应用，既要受原水性质、用水标准与用水量的制约，又要考虑到制水效率的高低、消耗的大小、设备的繁简、管理维护的难易和成本。

纯化水的制备通常由前处理、脱盐和后处理三部分组成。

前处理有物理方法、化学方法和电化学方法。其中物理方法有澄清、砂滤、脱气、膜过滤和活性炭吸附等。化学方法有混凝、加药杀菌、消毒、氧化还原、络合、离子交换等。电化学方法有电凝聚等，以除去原水中的悬浮物、胶体、微生物等为主，并消除过高的硬度和浊度。

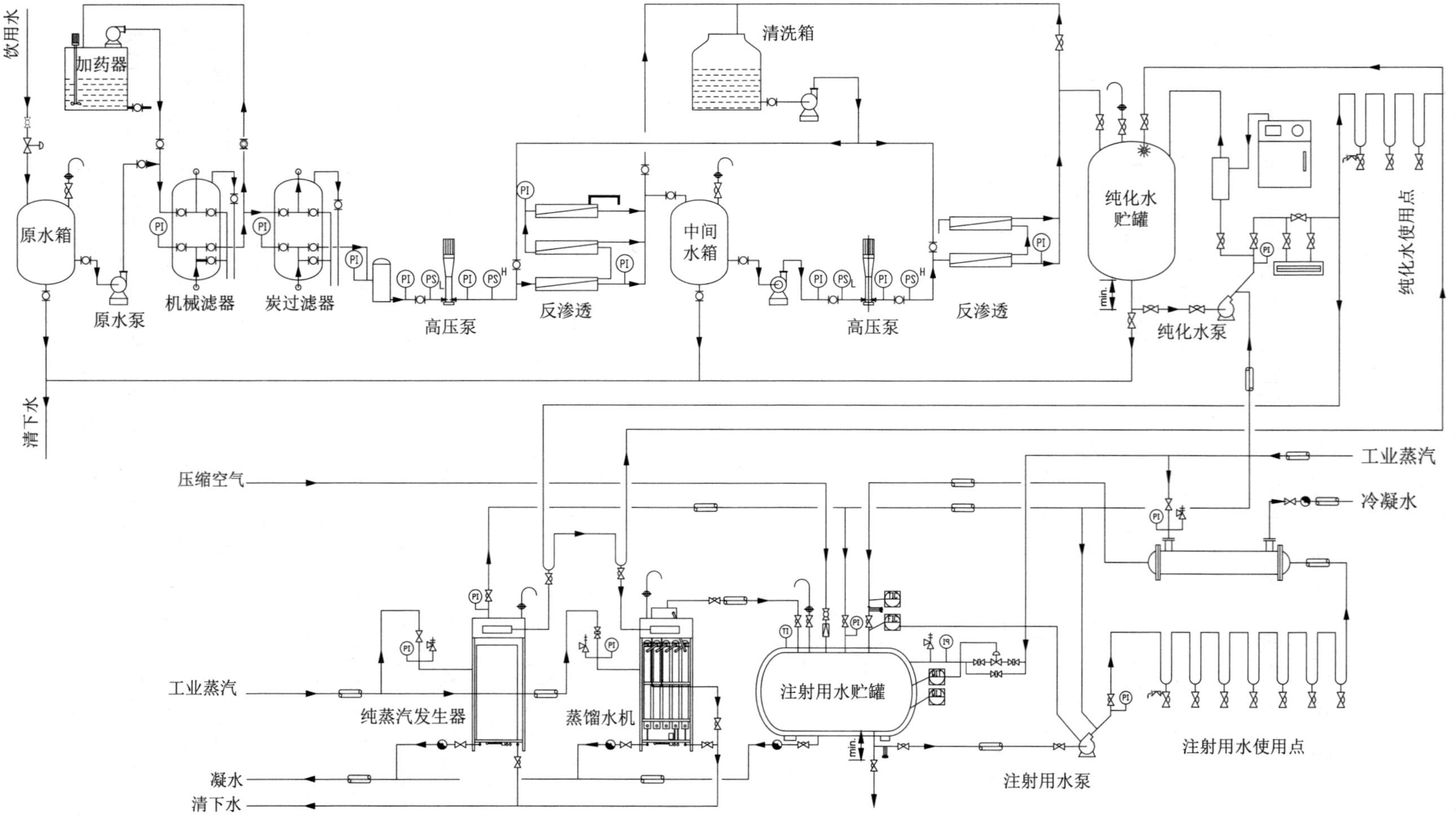

图 7-5 纯化水、注射用水工艺设备流程

表 7–10　纯化水标准一览

项目	中国药典（ChP2015）	欧洲药典（EP9）	美国药典（USP42）
来源	本品为蒸馏法、离子交换法、反渗透法或其他适宜方法制得	由符合法定标准的饮用水经蒸馏、离子交换或其他适宜方法制得	由符合美国、欧洲、日本法定要求或 WHO 饮用水指南的饮用水经适宜方法制得
性状	无色，无臭，无味	无色，无臭，无味	—
pH	不得显红色，不得显蓝色	—	—
氨	0.3 μg/mL	—	—
亚硝酸盐	0.02 μg/mL	—	—
硝酸盐	0.06 μg/mL	0.2 μg/mL	—
重金属	0.1 μg/mL	0.1 μg/mL	
不挥发物	100 mg/mL	—	
易氧化物	与 TOC 二选一	与 TOC 二选一	—
总有机碳/TOC	0.50 mg/mL	0.5 mg/mL	0.5 mg/mL
电导率	5.1 μS/cm（25℃）（一步法）	5.1 μS/cm（25℃）（一步法）	1.3 μS/cm（25℃）（三步法）
微生物限度	≤ 100 CFU/ mL	≤ 100 CFU/ mL	≤ 100 CFU/ mL

脱盐工序有电渗析、反渗透、离子交换等。近年来，电再生混合床（EDI）技术得到了飞速发展，可取代传统的离子交换法。该方法无须酸、碱再生，其离子交换树脂的再生依靠电压。

后处理（精处理）是脱盐以后水质处理的统称。一般包括用终端离子交换去除离子痕迹、紫外线杀菌、臭氧杀菌、超滤、微孔过滤等。

纯化水处理系统设备应根据处理水量来确定，而处理水量则应根据原水水质计算出各级设备的自用水率，初期估算时可作如下考虑：机械搅拌澄清池、水力循环澄清池自用水率为 10%（其中 5% 为排泥消耗水量、5% 为供应滤池反洗水量，如反洗水回用则可减小）。离子交换器自用水率为 5%。膜系统进水量根据回收率决定，超、微滤系统水利用率不小于 90%；反渗透系统水利用率为 60% ~ 75%。软化处理系统自用水率：石灰软化处理系统为 2% ~ 50%；弱酸离子交换或钠离子交换处理系统为 3% ~ 5%。此外，实际需要原水水量还应根据其他用途的用水量给予综合考量。

7.3.2.2　注射用水的制备

中国药典（2010 版）规定注射用水为纯化水经蒸馏所得的水，这也是世界公认的方法。清洁蒸汽可用同一台蒸馏水机或单独的清洁蒸汽发生器获得。在实际应用中，部分国家或公司，采用高纯水做注射用水，属个别情况，在此不作推荐。

7.3.3 《药品生产质量管理规范（2010 年修订）》对纯化水、注射用水系统的要求

该规范规定纯化水、注射用水的制备、贮存和分配应能防止微生物的滋生和污染。贮罐和输送管道所用材料应无毒和耐腐蚀。管道的设计和安装应避免死角、盲管。贮罐和管道要规定清洗、灭菌周期。注射用水贮罐的通气口应安装不脱落纤维的疏水性除菌过滤器。注射用水可采用 70℃以上保温循环。

部分国家或地区注射用水标准见表 7-11。

纯化水、注射用水的预处理设备所用的管道一般采用 ABS 工程塑料等，其分配系统一般采用不锈钢，尤以 316 L 型号为最佳。这里需要注意的是不锈钢是包括不锈钢和耐酸钢的总称。不锈钢是耐大气、蒸汽和水等弱介质腐蚀的钢，但并不耐酸；耐酸钢是耐酸、碱、盐等化学浸蚀性介质的钢，并具有不锈性，设计选用时应予以注意。

无缝不锈钢管牌号对照见表 7-12。

表 7–11　注射用水标准一览

项目	中国药典（ChP2015）	欧洲药典（EP9）	美国药典（USP42）
来源	本品为纯化水经蒸馏所得的水	由符合法定标准的饮用水或纯化水经适当方法蒸馏而得	由符合美国、欧洲、日本法定的要求或 WHO 饮用水指南的饮用水经蒸馏或反渗透纯化而得
性状	无色澄清液体，无臭	无色澄清液体	—
pH	5.0 ~ 7.0	—	—
氨	0.2 μg/mL	—	—
亚硝酸盐	0.2 μg/mL	—	—
硝酸盐	0.06 μg/mL	0.2 μg/mL	—
重金属	0.1 μg/mL	—	—
不挥发物	≤ 1 mg/mL	—	—
易氧化物	与 TOC 二选一	与 TOC 二选一	—
总有机碳 / TOC	0.50 mg/mL	0.5 mg/mL	0.5 mg/mL
电导率	1.3 μS/cm（25℃）（三步法）	1.3 μS/cm（25℃）（三步法）	1.3 μS/cm（25℃）（三步法）
细菌内毒素	≤ 0.25EU/mL	≤ 0.25 EU/mL	≤ 0.25 EU/mL
微生物限度	≤ 10 CFU/100 mL	≤ 10 CFU/mL	≤ 10 CFU/mL

表 7–12　无缝不锈钢管牌号对照

中国 GB1220—92 标准	美国 AISI 标准	日本 JIS 标准
1Cr18Ni9Ti	321	SUS 321
0Cr18Ni9	304	SUS 304
0Cr17Ni12Mo2	316	SUS 316
00Cr17Ni14Mo2	316L	SUS 316 L

7.3.4 制水系统设计

7.3.4.1 系统用水量确定

（1）系统用水量的确定标准

为满足生产工艺和实验工艺过程的各种需要，设计用水量是根据具体工艺过程中的直接用水量和辅助过程间接用水量之和决定的。设计用水量的计算大多按照以下两种情况进行：一种是根据单位时间内某种耗水量最大的用水点或设备考虑，即考虑最大（或峰值）用水量及最大（或峰值）用水时间；另一种是按照平均用水量（包括辅助用水）来计算。

（2）系统设计流量的确定

用水系统管道的设计，需要通过水力计算确定管道的直径和水力阻力损失，其主要的设计依据就是水系统管道所通过的设计流量。

用水设计的流量为

$$G = c\sum nG_{\max} \tag{7-14}$$

式中：G——系统的设计流量，m^3/s；

n——用水点与用水设备的数量；

$G_{\max}$——用水点的最大出水量，m^3/s；

c——用水点同时使用系数。

在实际工作当中，由于系统采用循环供水方式，一般取循环附加水量为使用水量的 30% ~ 100%，因此设计用水量可按 $G' =（1.3 \sim 2）G$ 计取。

7.3.4.2 输送与分配系统设计

（1）系统管道流速及管径

在不断循环的分配系统水中，微生物污染的水平能得到有效控制。输水泵应在完全湍流条件下运行，送水管路及回水管路均应达到湍流状态，才能有效地造成不利于微生物生长的水流环境条件。一般通过控制回水管末端流体的流速来保证整个系统的湍流状态。因此，恰当地选取分配输送管道内水流速度，仔细地考虑微生物控制对水系统中的流体动力特性的特殊要求，对于用水系统的设计至关重要。

（2）系统输送压力

根据用水要求压力最大的管路计算和确定管段的压头损失。管道的阻力损失主要由管道的局部损失、管道接头和阀门的阻力损失、管道直管段的阻力损失组成。具体做法是首先根据各用水点的使用位置，绘出系统管网轴测图，再根据管网中各管段的设计流量，选取管内水流的速度（大多数情况下当水流速度大于 2 m/s 时，可达到湍流状态），计算各管段的管径、管道阻力损失，进而确定工艺用水系统所需的输送压力。

① 确定输水管径。在求得轴测图中各管段的设计流量后，根据下述水力学公式计算和控制流速，选择管径。

$$d_i = 18.81\,(G_g/u)^{1/2} \tag{7-15}$$

式中：d_i——管道的内径，mm；

G_g——各管段的设计流量，m^3/h；

u——管内流速，m/s。

一般情况下，管道的直径是由系统内经济流速确定的。由上式可见，一旦流速确定，自然就得到了对应流量的直径。对于同一流量来说，管径越大，配管中流体的阻力损失越小。这在动力方面是经济的，但设备的费用会增加，并且还可能不会满足工艺用水系统水流状态为湍流的要求。

② 确定管段的压头损失。水系统管道的沿程阻力损失为

$$p_y = KI \tag{7-16}$$

式中：p_y——工艺管道沿程阻力损失，mH_2O；

l——所计算管段的长度，m；

K——管道单位长度的压力损失。

管道系统的局部损失为

$$p_j = \sum \xi\,(u^2/2g) \tag{7-17}$$

式中：p_j——局部阻力损失的总和，mH_2O；

ξ——局部阻力系数；

u——沿着水流方向，局部阻力下游水的流速，m/s；

g——重力加速度，9.81 m/s^2。

（3）贮罐的容量确定

在用水系统中，贮罐的设计是为了确保水制备系统和水分配系统之间有一个良好的平衡，使我们能够以一个较小的水制备系统来满足用水系统的高峰需求，并且使用水量调控方便，保证用水水质标准符合规定。

水系统中有无贮罐的优省对比见表 7–13。

表 7–13　水系统中有无贮罐对比一览

	优点	缺点
贮罐系统	提供空气隔离，以最大限度地减少热注射用水源的后续污染； 通过让热的注射用水进水流均匀流入贮罐，最大限度地减少注射用水冷却器的容量； 可满足理想的用水高峰用量，以满足要求； 系统压力通过正压点日常排泄或热水消毒而释放； 与无贮罐系统相比，操作条件更易维持，潜在问题也更易控制	贮藏、过滤器等的资金投入增加； 与无贮罐系统相比，消毒蒸汽量更多； 如果系统每天排水，注射用水（纯化水）潜在的损耗会比无贮罐环路系统更大
无贮罐系统	资金投入较少（无贮罐、无过滤器）； 因是“完全焊接管”系统，杀菌效果更好； 如果系统每天排放，注射用水潜在的损失会比贮罐系统更少	可能会因无用水贮罐而不能满足常温系统的峰值要求； 在热水状态时用水会热膨胀，除在冲洗 – 排泄时外，任何地方都得不到消毒缓解； 隔离空气比贮罐系统更困难； 与贮罐系统相比，压力更难管理和控制

从满足用水要求看，贮罐应有足够大的容量。然而大的贮罐，其内表面积大、水流动速度低，容易长菌。此外，在用水量不同时，贮罐需要以通气（充氮或以空气作动力学的补偿）来保持适当的压力平衡，会在贮罐顶部因通气而形成低温区域，这也会增加水系统被污染的风险。因此，应综合考虑，来确定水贮罐容量的大小。

贮罐的容积应根据各用水点的用水量之和以及循环管道流水量的变化参数来确定，但这些资料在实际操作中很难准确获得。因此，在实际工作中，通常采用经验公式近似地估算贮罐容积大小。

循环水系统贮罐的容积：

$$V = Gt \tag{7-18}$$

式中：V——贮罐的容积，m^3；

G——连续生产，一天中每小时的最大平均用水量，m^3/h；

t——贮罐每天最大连续出水的持续时间，h。

（4）管路及分配系统的要求

水系统管路分配的设计应能使水在管路中连续循环，方便进行定期清洗和消毒；循环分配管路的介质应避免低流速，并设计成"紊流式"，以阻止生物膜的形成。分配管路的安装应有足够的坡度并设有排放点，以便系统在必要时能够排空。

对管路分配系统的具体要求：

① 采用 316L 不锈钢管材，内壁电抛光并作钝化处理；

② 管道采用热熔式氩弧焊焊接，或采用卫生夹头连接；

③ 阀门采用不锈钢聚四氟乙烯隔膜阀，卫生夹头连接；

④ 管道有一定的倾斜度，便于排除存水；

⑤ 管道采取循环布置，回水流入贮罐，可采用并联或串联的连接方法，以串联连接方式较好。使用点阀门处的"盲管"段长度，对于加热系统不得大于 6 倍管径，冷却系统不得大于 4 倍管径；

⑥ 管路用清洁蒸汽消毒，消毒温度 121℃。

纯化水、注射用水系统循环管接法如图 7-6 所示。

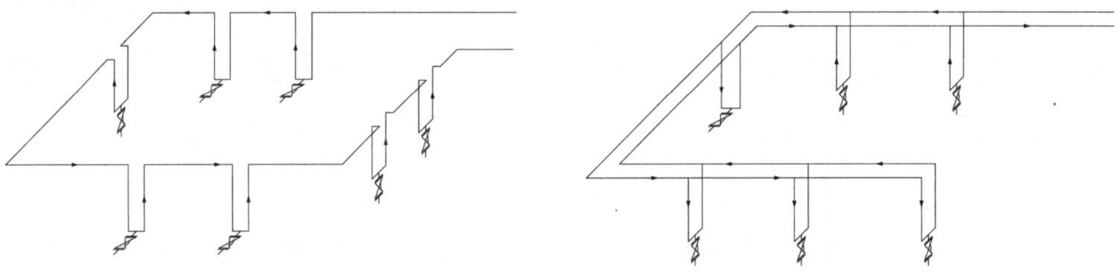

图 7-6　纯化水、注射用水系统循环管接法示意

7.3.5　水系统微生物控制与运行

对水系统来讲，对微生物的控制贯穿于整个水处理和分配使用过程的始终。微生物控制是采用对系统设备的成品水贮罐和管道系统进行消毒灭菌来解决的，目标是将水系统中的微生物控制在规范所要求的范围之内。通常可用热消毒法（巴氏消毒）和化学消毒法（臭氧消毒）进行消毒，紫外线也可以用来对水系统连续消毒。在系统中有两处常采用巴氏消毒法来控制微生物的污染，一是活性碳过滤器和软化器，二是成品循化水系统。

贮罐和管道都要定期进行消毒和清洗，同时严格监控生产的各个环节，防止微生物的污染。

7.4　HVAC 与设计

7.4.1　HVAC 的需求与标准

随着医药行业的发展，化学合成原料药的生产也更加关注建筑室内外环境。通过进一步控制室内的悬浮粒子、微生物、温湿度、压力、换气次数等参数，可以达到符合生产工艺要求的目的。

采暖、通风、空调系统（HVAC）是通过采用控制空气传播污染物的技术，如净化、排除或稀释等，保证环境空间具有良好的空气品质，将建筑室内的不符合卫生标准的污浊空气排至室外，将新鲜空气或经过净化符合卫生要求的空气送入室内，提供人的生命过程的需氧量，提供适合生活和生产的空气环境。

一般通风方式可分为局部通风和全面通风。在产生污染物的源头采用局部排风方式把含有污染物的气体捕集、净化、排放至室外；对特别需要保证局部地点空气条件的区域可以采用局部送风。局部通风方式作为保证工作和生活环境空气品质、防止室内环境污染的技术措施应优先考虑。全面通风方式实质是稀释环境空气中的污染物，在条件限制、污染源分散或不确定等情况下，采用局部通风方式难以保证卫生标准时可以采用全面通风。

7.4.1.1　空气质量控制

为了保护工业企业建筑环境内劳动者和工业企业周边居民的安全与健康，使工业企业设计符合卫生标准要求，国家制定了《工业企业卫生设计标准》（GBZ 1—2010）、《工作场所有害因素职业接触限值》（GBZ 2.1—2019）、《工业建筑供暖通风与空气条件设计规范》（GB 50019—2015）等，从而进一步规范了对于室内外空气质量的要求。

同时，为了满足工艺的相关要求，根据医药行业的特点，国家进一步制定了《医药工业洁净厂房设计标准》（GB 50457—2019）、《洁净厂房设计规范》（GB 50073—2013）、《药品生产质量管理规范（2010 年修订）》等进一步完善了化学合成原料药设计中对于空气质量的要求。

空气中有害物质的容许浓度按《工业场所有害因素职业接触限值》（GBZ 2.1—2019）（参见本章第 1 节和附录八）的规定执行。

7.4.1.2　温湿度控制

HVAC 的作用是维持室内空气一定的状态参数。人们为达到这一状态参数，对空调设备进行运行管理。在进行 HVAC 设计时，也要按规定的室内空气状态进行计算，这一规定状态下的参数称为室内空气设计参数，温湿度是室内设计参数最直观的体现。

（1）温湿度控制原因

一是人员舒适度要求。舒适性空调的作用是维持室内空气的合适状态，使室内人员处于舒适环境中，以保证良好的工作条件和生活条件。

二是工艺要求。工艺性空调的作用是满足生产工艺过程对空气状态的要求，以保证生产过程得以顺利进行。工艺性空调室内温湿度基数及其允许波动范围，应根据工艺需要并考虑必要的卫生条件确定。工艺性空调可分为一般降温性空调、恒温恒湿空调和净化空调等。降温性空调对温、湿度的要求是夏季工人操作时手不出汗，不使产品受潮。因此，一般只规定温度或湿度的上限，不注明空调精度。净化空调不仅对空气温湿度提出一定要求，而且对空气中所含尘粒的大小和数量也有严格要求。确定工艺性空调室内参数时，一定要了解实际工艺生产过程对温湿度的要求。

三是安全防爆要求。对于有爆炸危险的甲、乙类区域，当空气湿度过大时，会影响电气元件使用寿命，造成连电等事故，从而引发火灾、爆炸；当空气湿度过低时，会容易产生静电，也会造成火灾、爆炸。因而，在安全方面对空气湿度做了进一步的要求。

（2）温湿度控制标准

车间舒适性空调室内温度要求：

夏季：温度：24 ~ 28℃　　相对湿度：30% ~ 80%

冬季：温度：18 ~ 22℃　　相对湿度：30% ~ 80%

车间工艺性空调温、湿度要求为：

洁净度要求 A、B 级

室内温度：20 ~ 24℃　　相对湿度：40% ~ 60%

洁净度要求 C、D 级

室内温度：22 ~ 26℃　　相对湿度：45% ~ 65%

车间安全防爆室内温度要求：

夏季：温度：24 ~ 28℃　　相对湿度：40% ~ 60%

冬季：温度：18 ~ 22℃　　相对湿度：40% ~ 60%

7.4.1.3　压差控制

化学合成原料药生产，一般会使用的生产原辅料有甲苯、甲醇、盐酸、液碱、乙醇、氨、氢气等甲、乙类或者有危害的物质。为了防止有害物质对相邻房间的污染，故在设计时，需要控制房间的压差为负压，防止危险物质对外扩散。而对空气有清洁要求的区域，为了满足室内空气洁净度的要求，防止周围环境对其污染，也需要一定的压差控制，维持房间的正压，从而保证室内的空气洁净度及空气流向。·

压差控制的基本原理：当送风量大于回风量、排风量之和时，洁净室为相对正压，渗漏空气由洁净室渗入相邻的空间；当送风量小于回风量、排风量之和时，洁净室为相对负压，渗漏空气由相邻的空间渗入洁净室。

维持正压的措施：调节新风量；调节回风量和排风量；安装余压阀（采用该方法必须保持洁净室有足够的过剩送风量）。

维持负压的措施：调节洁净室送风量和回风量；调节洁净室排风量。

7.4.1.4 安全控制

化学合成原料药再生产过程中会不可避免地散出有害物质，首先要满足安全要求，设计控制污染源的局部排风以及整个空间的全面排风。应该利用合理的气流组织，防止有害物质在室内扩散，防止含有大量的放散性有害物质的空气流入不放散或少放散的区域。当放散物质中含有大量的爆炸和火灾危险物质时，应设置良好的通风措施，保证放散物质很快能稀释到爆炸下线的25%以下。同时，可燃气体报警应与事故通风系统连锁控制，使危险物质能够及时排出，保证整个车间的安全运行。

7.4.2 HVAC 的设计与计算

7.4.2.1 HVAC 的组成

（1）通风系统

局部通风系统是利用局部气流直接在有害物质产生地点对其加以控制或捕集，避免污染物扩散到车间作业地带的装置。与全面通风系统相比，局部通风系统具有排风量小、控制效果好等优点，因此在散放热、湿或有害物质的建筑物内使用。

在进行工程设计时，应首先考虑采用局部通风系统。只有不能采用局部通风或采用局部通风后仍达不到卫生标准要求时，再采用全面通风。

① 局部排风。在原料药生产中，局部排风一般采用排风罩的形式。它是利用排风气流作用，在有害物散发地点造成一定的吸入速度，将有害物吸入罩内。如图 7–7 所示。

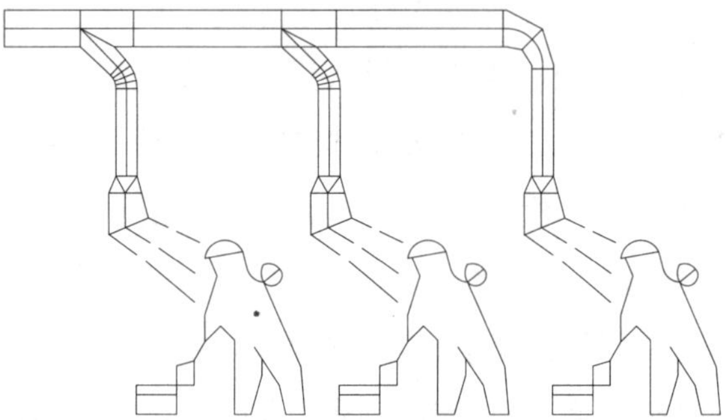

图 7–7 局部排风示意

在选用或设计排风罩时，设计人员应遵循以下基本原则：

一是对散发粉尘或有害气体的工艺流程与设备应采取密闭措施。设置局部排风罩时，宜采用密闭罩。确定密闭罩的吸气口位置、结构和风速时，应使罩内负压均匀，防止污染物外逸。对于散发粉尘的污染源，应避免过多地抽取粉尘。

二是当不能或不便采用密闭罩时，可根据工艺操作要求和技术经济条件选择适宜的其他开敞式排风罩。局部排风罩应尽可能包围或靠近有害物源，使有害物源局限于较小的局部空间。还应尽可能减小吸气范围，便于捕集和控制有害物。

三是吸气点的排风量应按照防止粉尘或有害气体扩散到周围环境空间的原则确定，排风罩的吸气宜尽可能利用污染气流的运动作用。

四是已被污染的吸入气流不允许通过人的呼吸区。设计时要充分考虑操作人员的位置和活动范围。

五是局部排风罩的配置应与生产工艺协调一致，力求不影响工艺操作。排风罩力求结构简单、造价低，便于安装和维护管理。

六是在使用排风罩进行通风换气的地方，要尽可能避免或减弱干扰气流、穿堂风和送风气流等对吸气气流的影响。

排风罩如果设在设备上方，由于设备的限制，气流只能从侧面流入罩内。虽然仍然是侧吸罩，但罩口的流线与水平放置的侧吸罩是不同的。为了避免横向气流的影响，要求罩口距离操作面的高度尽可能小于或等于 0.3*a*（*a* 为罩口长边尺寸）。为了减少横向气流的影响和罩口的吸气范围，工艺条件允许时应在罩口四周设固定或活动挡板。

② 全面通风。当局部通风不能够满足空气质量需求，不能及时排除有害物质时，需采用全面通风。全面通风效果不仅取决于通风量的大小，还与通风过程中的气流组织优劣有关。所谓气流组织，就是合理布置送、排风口和分配风量. 选用合适的风口形式，以便用最小的通风量获得最佳的通风效果，并尽量避免通风气流可能发生的气流短路现象。全面通风系统如图 7–8 所示。

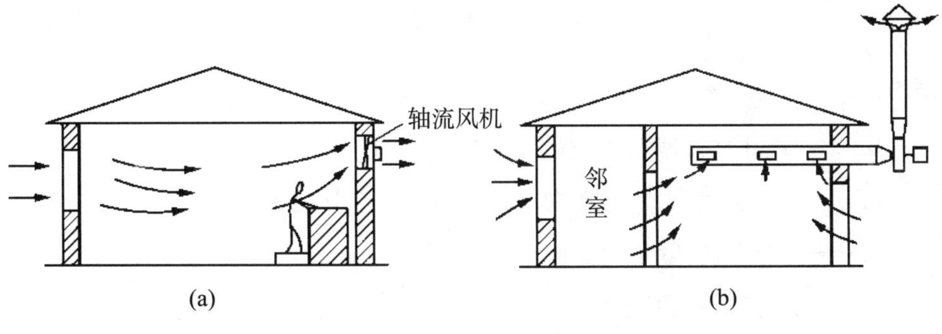

图 7–8　全面通风系统

进行全面通风气流组织设计时，应符合下述原则：

一是全面通风的进、排风应避免使含有大量热、湿或有害物质的空气流入作业地带或人员经常停留的地方。送入通风房间的清洁空气应先经过操作地点，再经污染区域排至室外。在通风时间内，应尽量使送风气流均匀分布，减少涡流，避免有害物在局部地区的积聚。

二是当要求空气清洁的房间周围环境较差时，应保持室内正压；散发粉尘、有害气体或有爆炸危险物质的房间应保持负压。室内正压、负压可以用调整机械送、排风量实现。

三是当采用全面通风消除余热、余湿或其他有害物质时，应分别从建筑物内温度最高、湿度最大或有害物浓度最大的区域排风。全面排风量分配应符合下列条件：当有害气体或蒸汽密度比空气轻，或虽比室内空气重，但建筑物散发的显热全年均能形成稳定的上升气流时，宜从房间上部区域排出；当有害气体或蒸汽密度比空气重，但建筑物散发的显热全年均不能形成稳定的上升气流或挥发的蒸汽吸收空气中的热量导致气体或蒸汽沉积在房间下部区域时，宜从房间上部区域排出总排风量的1/3，从下部区域排出总排风量的2/3，且不应小于每小时一次换气；当人员活动区有害气体与空气混合后的浓度未超过卫生标准，且混合后气体的相对密度与空气接近时，可只设上部或下部区域排风。

化学合成原料药车间稀释通风量的计算：

$$V_L = 24.45 \times 10^6 \frac{T \cdot W \cdot K}{M \cdot TLV} \tag{7-19}$$

式中：V_L——通风量，m^3/h；

W——车间内有害气体放散量，kg/h；

TLV——车间空气中有害物质容许浓度，$10^6 mg/m^3$；

M——有害物质分子量；

T——环境温度，K；

K——风量修正系数，其取值范围为3 ~ 11，由车间内稀释通风气流组织有效性和有害物质危害程度两个因素确定。

当数种溶剂（苯及其同系物，或者醇类或醋酸酯类）的蒸汽，或数种刺激性气体（三氧化二硫及三氧化硫，或氟化氢及其盐类等），同时放散于室内空气中时，由于它们对人体的作用是叠加的，因此全面通风量应按各种气体分别稀释至规定的接触限值所需空气量的总和计算。同时还有有害物质（余热、余湿、粉尘等）放散于空气中时，全面通风换气量应分别计算稀释各有害物所需的空气量，然后取最大值。

③ 局部送风。当全面通风与局部排风均不能满足人员对于空气环境要求时，可设置局部机械送风。机械送风系统的送风方式，应符合下列要求：

一是散发热或同时散发热、湿和有害气体的工业建筑，当采用上部或上下部同时全面排风时，宜送至作业地带。

二是当固定工作地点靠近有害物质散发源，且不可能安装有效的局部排风装置时，应直接向工作地点送风。

（2）温湿度控制

空调系统的作用是排除室内的热负荷和湿负荷，维持室内要求的温度和湿度。其基本原理如图 7–9 所示。热湿负荷的大小对空调系统的规模有决定性影响。因此，设计空调系统时，首先要计算房间的热湿负荷。

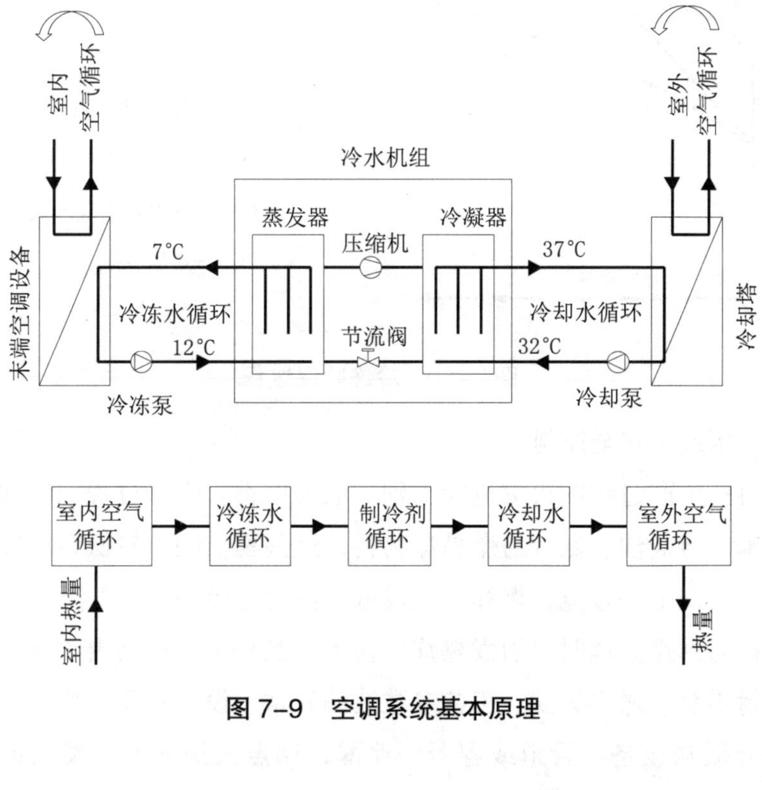

图 7–9　空调系统基本原理

冷负荷是指在维持室温恒定条件下，室内空气在单位时间内得到的总热量，也就是采用通风（或其他冷却）方式的空调设备在单位时间内自室内空气中取走的热量。

夏季工况运行，一般采用冷冻除湿系统。需要先将室内外混合后的空气用 7 ~ 12℃的冷水降温至露点进行除湿，消耗冷量，再用蒸汽或热水将空气加热到送风状态，消耗热量，最后送至室内。如图 7-10 所示。此类系统简单可靠，能够很好地控制室内空气温湿度，在现在空调温湿度控制工程中被大量采用。但此系统有较大缺点，就是冷冻除湿既需要消耗冷量，又需要消耗热量，理论上形成了冷热量互相抵消，从而造成了能源的浪费，不节能。

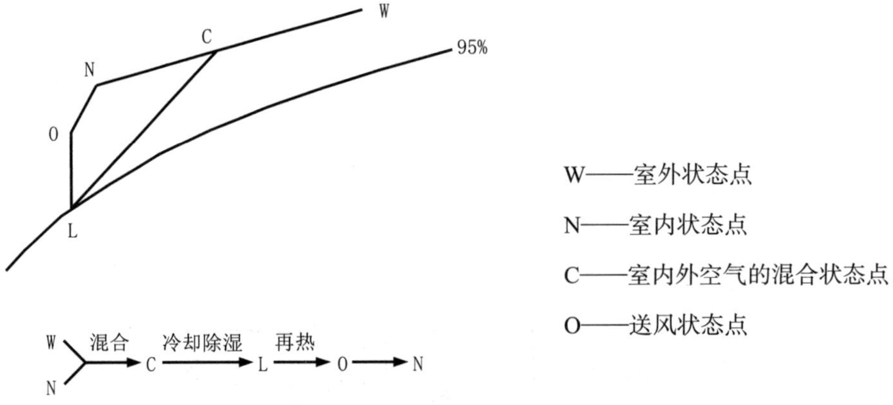

图 7-10　冷冻除湿过程

（3）压差、安全控制

原料药生产过程的火灾危险类别一般为甲类。生产过程中经常使用甲醇、甲苯、溶剂油、氨等易燃易爆物料，这些物质闪点较低，易挥发到空气中，且爆炸范围较宽，爆炸下限较低，挥发物极易与空气形成爆炸性混合物，在遇到点火源时可引发爆炸。在生产过程中，可能由于设备设施和管道密封不良、操作失误、工艺参数波动异常、设备材质选择不当等，导致工艺介质从设备、管道或容器中泄漏，遇点火源从而引发火灾、爆炸事故。

为防止危险物质外泄，保证其他区域的相对安全，一般在危险区与非危险区域之间设置物理隔离的门斗，对门斗进行正压送风，维持不低于30 Pa 的正压。并且正压送风应设置备用风机，且所有风机应能自动切换。正压室设置余压排风装置。

危险场所通风量的计算（按照爆炸气体的放散量及其爆炸下限计算）：

$$V_L = \frac{10^6}{293} \cdot \frac{T \cdot W \cdot K}{LEL} \tag{7-20}$$

式中：V_L——通风量，m^3/h；

W——车间内有害气体放散量，kg/h；

LEL——危险场所内爆炸性气体的爆炸下限，mg/m^3；

M——有害物质分子量；

K——安全系数，数值最小取 4，即将爆炸性气体浓度稀释至爆炸下限的 25%；

T——环境温度，K；

M——爆炸性气体的分子量。

事故通风量宜根据工艺设计条件通过计算确定，且换气次数不应小于12 次 / h。事故排风的排风口不应布置在人员经常停留或经常通行的地点。排风口与机械送风系统的进风口的水平距离不应小于 20 m；当水平距离不足 20 m 时，排风口应高于进风口，并不得小于 6 m。当排气中含有可燃气体时，事故通风系统排风口距可能火花溅落地点应大于 20 m。排风口不得朝向室外空气动力阴影区和正压区。

（4）空气质量控制

化学合成原料药生产，由于其中化学反应，一般情况下会产生比较多的有害气体，这些气体不允许直接排入大气中，需要经过一定的处理，达到环保允许排放标准后再排放。

一般的有害气体处理方法见表 7-14。

表 7-14　一般的有害气体处理方法汇总

<table>
<tr><td rowspan="14">有害气体的处理方法</td><td rowspan="13">净化处理</td><td rowspan="4">物理方法</td><td>水洗法</td><td colspan="2">仅能用于易溶于水的物质</td></tr>
<tr><td>冷凝法</td><td colspan="2">将有害蒸汽冷凝成液体加以回收，通常作为燃烧、吸附法的预处理手段</td></tr>
<tr><td>吸附法</td><td colspan="2">用吸附剂吸附有害组分，使排气得到净化</td></tr>
<tr><td>电子束照射法</td><td colspan="2">用电子束照射产生氧化带来极强的游离基使有害气体氧化分解</td></tr>
<tr><td rowspan="8">化学方法</td><td rowspan="4">燃烧法</td><td>直接燃烧</td><td>不需要辅助燃料</td></tr>
<tr><td>热力燃烧</td><td>外加辅助燃烧</td></tr>
<tr><td>催化燃烧</td><td>依靠催化剂将有害组分氧化分解</td></tr>
<tr><td>表面燃烧</td><td>有害组分与灼热的金属表面接触而得到氧化分解</td></tr>
<tr><td>氧化法</td><td colspan="2">用氧化剂将有害组分氧化分解</td></tr>
<tr><td>药液吸收法</td><td colspan="2">用药液吸收洗涤有害组分，通过化学反应生成无害盐类</td></tr>
<tr><td>化学吸附法</td><td colspan="2">吸附过程中伴随着化学反应，吸附剂需经化学处理</td></tr>
<tr><td>覆盖法</td><td colspan="2">用芳香气体覆盖臭气</td></tr>
<tr><td colspan="2">生物方法</td><td colspan="2">用活性污泥培植菌种，分解消化有害组分</td></tr>
<tr><td colspan="3">高空稀释排放</td><td colspan="2">从高烟囱排放有害气体，用大气扩散稀释，排放口有害气体浓度和排放速率必须符合国家有关标准</td></tr>
</table>

① 吸附法。吸附法广泛应用于低浓度有害气体，特别是各种有机溶剂蒸汽的净化。吸附法的净化效率能达到 100%。一定量的吸附剂所吸附的气体量是有一定限度的，经过一定时间吸附达到饱和时，要更换吸附剂。饱和的吸附剂经再生（解吸）后可重复使用。吸附包含物理吸附和化学吸附。其中活性炭是工程中最常见的吸附剂，它对苯、醇类、氮氧化物、氯气、恶臭物质等均有较好的吸附效果。

对吸附剂再生利用的场合，吸附能力以平衡吸附量和平衡保持量的差计算。对吸附剂不再生利用的场合，吸附能力按平衡保持量计算。对吸附剂不进行再生的吸附器，吸附剂的连续工作时间按下式计算。

$$t = 10^6 WSE / (\eta L y_1 h) \tag{7-21}$$

式中：t——吸附剂的连续工作时间；

W——吸附层内吸附剂的质量，kg；

S——平衡保持量；

η——吸附效率，通常取 $\eta = 1.0$；

L——通风量，m^3/h；

y_1——吸附器进口处有害气体浓度，mg/m^3；

E——动活性与静活性之比，近似取 $E = 0.8 \sim 0.9$。

活性炭吸附装置可分为固定床、移动床、流化（沸腾）床和流动床等多种形式。目前有害气体的净化处理采用固定床形式较为普遍，流化床多用作化工分离装置。此外，作为大风量、低浓度排气的浓缩装置的蜂窝轮，则采取了回转的形式。

② 吸收法。在一定的温度、压力下，吸收剂和混合气体接触时，由于分子扩散，气相中的吸收质要向液体吸收剂转移，为吸收剂所吸收。同时，溶液中已被吸收的吸收质也会通过分子扩散向气相转移。开始时，吸收是主要的，随着吸收剂中吸收质浓度的增高，吸收质从气相向液相的吸收速度逐渐减慢，而液相向气相的解吸速度却逐渐加快。经过足够长时间的接触，吸收速度与解吸速度达到相等，气相和液相中的组分就不再变化，此时气液两相达到相际动平衡。在平衡状态下，吸收剂中的吸收质浓度达到最大，称为平衡浓度，或吸收质在溶液中的溶解度。某一种气体的溶解度除与吸收质和吸收剂的性质有关外，还与吸收剂温度、气相中吸收质分压力有关。常见吸收剂见表 7-15。

表 7-15 常见的吸收剂一览

液体吸收剂						
反应	物理吸收			化学吸收		
吸收剂	水	汽油、有机吸收剂	活性炭悬浊液	碱	酸	氧化剂
吸收剂主要成分	水	煤油、柴油、机油、邻苯等	活性炭粉末	消石灰、氢氧化钠等	盐酸、醋酸、硫酸、硝酸等	次氯酸钠、臭氧、高锰酸钾过氧化氢等
待处理有害组分	氨、苯酚、氯化氢、二氧化硫等	甲苯、二甲苯、苯等	硫化氢、甲醇、有机醋酸、二氧化硫等	硫化氢、甲醇、有机醋酸、二氧化硫等	氨类、胺类、氮氧化物等	甲醛、乙醛、硫化氢、甲醇等

液体吸收法是以液体为吸收剂，通过洗涤吸收设备使排气中的有害气体成分被液体吸收，从而达到净化目的的一种处理方法。这种净化有害气体的方法可以单独使用，也可以按有害成分的特性、不同的吸收剂以两级串联使用。其用于处理涂装排气，也可作为一种前处理措施与活性炭吸附法组合使用。

提高液体吸收法吸收率的要点是要使气、液充分接触。因而，吸收剂、吸收装置空塔速度和液气比的合理选择十分关键。

吸收剂选用原则：

其一，为了提高吸收速度，增大对有害组分的吸收率，减少吸收剂用量和设备尺寸，要求对被吸收组分的溶解度尽量高，吸收速率尽量快。

其二，为了减少吸收剂的耗损，其蒸汽压应尽量低。

其三，尽量不采用腐蚀性介质，以减少设备防腐蚀费用。

其四，尽可能无臭、无毒、难燃，且化学稳定性好，冰点要低。

其五，黏度要低，比热不大，不起泡。

其六，使用中有利于被吸收组分的回收利用或处理。

其七，来源充足，价格低廉，最好能就地取材，易再生重复使用。

选用吸收装置时，需要考虑的因素是处理能力要大、压力损失要小、结构力求简单、吸收效率高、操作弹性大等方面。此外，应考虑吸收系统的特点。各种吸收装置的相关特点见表 7-16。

表 7-16　吸收装置的技术经济比较　　单位：μm

装置名称	气体			粉尘			液滴	雾滴	烟
	有害物		吸收时伴有化学反应	>5		≤5	>19	≤10	<1
	溶解度大	溶解度小		高浓度	低浓度				
填料塔（逆流）	○	○	○	○	×	×	○	△	×
填料塔（顺流）	▲	△	○	○	×	×	○	△	×
填料塔(交叉流)	○	△	○	○	×	×	○	△	×
旋风洗涤器	△	×	△	▲	▲	×	○	×	×
文氏管洗涤塔	△	×	△	○	○	○	○	○	○
喷淋塔	△	×	△	△	△	×	▲	×	×
喷射洗涤器	△	×	△	○	○	○	○	○	▲

注：×表示不合适；○ $-\eta$ = 95% ~ 99%；▲ $-\eta$ = 85% ~ 95%；△ $-\eta$ = 75% ~ 85%。

如按照物质性质特点来考虑，对吸收过程中产生大量热，需要移去的过程，或需有其他辅助物料加入或引出的过程，宜用板式塔。对于易起泡、黏度大、腐蚀性严重、热敏性物料宜用填料塔；对有悬浮固体颗粒或有淤渣的宜用筛板等板式塔。

7.4.2.2　HVAC 设备配置与选择

从图 7-11 和图 7-12 可以看出，HVAC 需要的主要设备有风机、风管、空气净化处理设备。

（1）风机选择

根据化学合成原料药生产易燃易爆的特点，排风机一般选择防爆风机，平时通风和事故通风共同保证不小于 12 次 /h 的通风换气次数，事故通风的通风机应分别在室内及靠近外门的外墙上设置电气开关。设置有事故排风的场所不具备自然进风条件时，应同时设置补风系统，补风量宜为排风量的 80%，补风机应与事故排风机连锁。

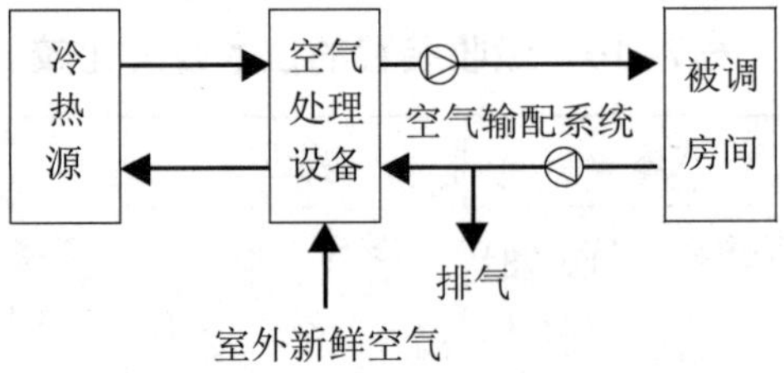

图 7-11　HVAC 的组成

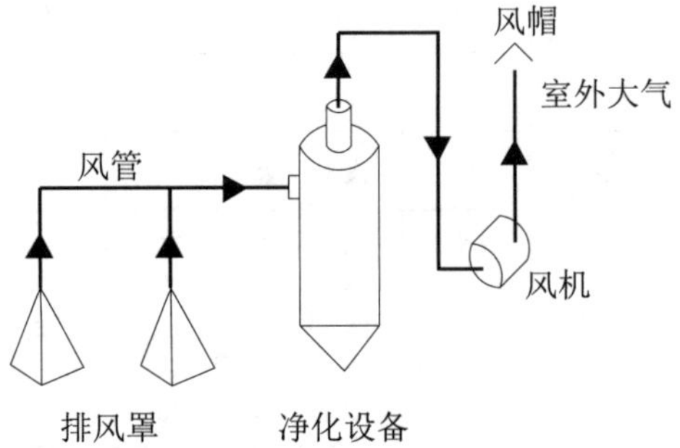

图 7-12　空气排风系统的组成

送风机与排风机不应布置在同一机房内。用于甲、乙类厂房全面和局部送风、排风机，以及其他建筑物排除有爆炸危险物质的局部排风机不应布置在建筑物的地下室、半地下室。排除空气中含有极度物质的局部排风设备必须设置在单独的房间内。

根据 HVAC 要求，一般的工艺空调机组包含新风段、初效段（G4，见表 7-17）、回风段、表冷段、加热段、加湿段、风机段、均流段、中效段（F8，见表 7-17）和出风段。与普通舒适性空调相比，工艺性空调增加了加湿段，从而进一步保证整个生产区域对温湿度的要求。空调机组一般布置在专用空调机房内或者屋顶。其取风口应距离爆炸危险区域范围不小于 1 m。

表 7-17　空气过滤器的分类（EN779—2011）　单位：%

类别	分类	人工尘平均计重效率（Am）	0.4 μm 粒子平均计数效率（Em）	0.4 μm 粒子最小计数效率（Ea）
粗	G1	Am < 65		
	G2	65 ≤ Am < 80		
	G3	80 ≤ Am < 90		
	G4	90 ≤ Am		
中	M5		40 ≤ Am < 60	
	M6		60 ≤ Am < 80	
细	F7		80 ≤ Am < 90	35
	F8		90 ≤ Am < 95	77
	F9		95 ≤ Am	70

对于化学合成生产区域，因其生产的特殊性，不得采用循环空气，故其系统应采用全新风系统。对于全新风系统来说，控制良好的温湿度，能耗是非常大的，故一般多采用增加热管或者排风热回收的方式使系统节能。如图 7-13 所示。为了避免甲类区域排风对送入室内新风的污染，一般在排风侧与新风侧设置板翅式换热盘管，2 个盘管直接通过循环泵及管路连接，采用显热回收的方式。回收排风系统中的能量，一般回收效率为 50% ~ 70%。

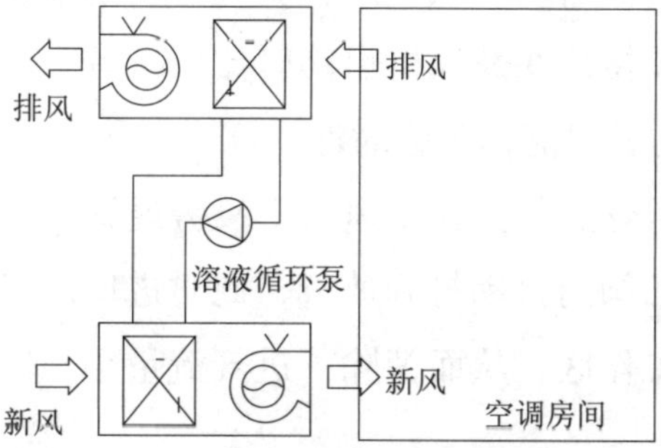

图 7-13　间接式空气热回收原理

对于净化区域的空调系统，一般采用陡降型特性曲线风机，保证在风量变化不大的情况下有效的条件压差；而对于一般的系统，则选取平缓型特性曲线风机，在定压的情况下实现风量较大范围的变化，从而进一步实现系统节能。

陡降型特性曲线风机（又叫驼峰形性能曲线风机）一般在大容量管路中工作。当流量变化到小于临界流量时，风机的全压下降，管路由于容量大，阻力暂无变化。当管路阻力大于全压时，流体倒流，出现负流量，随后管路压力下降，流量为零，压力达到最低。由于风机仍在工作，重新输出流量，压力升高，重复这一过程。流量时正时负，压力忽高忽低，大幅波动，导致风机管道周期性剧烈震动的现象，叫作喘振。

喘振时由于气流强烈的脉动和周期性震荡，会使供气参数（压力、流量等）大幅度地波动，破坏了工艺系统的稳定性。例如，使叶片强烈振动，叶轮应力大大增加，噪音加剧；引起动静部件的摩擦与碰撞，使风机的轴产生弯曲变形，严重时产生轴向窜动，碰坏叶轮；加剧轴承、轴颈的磨损，破坏润滑油膜的稳定性，使轴承合金产生疲劳裂纹，甚至烧毁；损坏风机的级间密封及轴封，使风机效率降低，甚至造成爆炸、火灾等事故；影响与风机相连的其他设备的正常运转，干扰操作人员的正常工作，使一些测量仪表仪器准确性降低，甚至失灵。

在生产过程中，当观察到发生喘振现象时，就不要再增加管网阻力，以免加剧喘振，应立即查找原因，采取相应的措施，及时消除隐患。

第一，采用变频器启动。风机配备变频器，通过调低风机电动机的运行频率，可以消除喘振，在鼓风机启动时比较有效。但这种方法实际上降低了风机的使用能力，只能作为临时性措施。

第二，采用出风管放气。在出风管上设旁通管，一旦风量降低至最小风量时，旁通管上的阀门自动打开放气，此时进口的流量增加，工作点可由喘振区移至稳定工作区，从而消除了进气流量小、冲角过大引起失速和发生喘振的可能性。

第三，保证整个管路的通畅。定期检查进口风道过滤网，若发现堵塞，应立即更换。

第四，加强对运行人员的技能培训，杜绝不当操作。在生产运行中，如果开机时操作不当，导致出口阀门未能迅速打开，会使机组在小流量状态下运转，从而发生喘振现象。此时应迅速开启出口阀，加大流量，使机组在正常工况下运行，即可消除喘振。

第五，定期维护保养。检查鼓风机的油温、油压，主电机的温升，鼓风机的振动、电流、电压等，使鼓风机运行在最佳工况，避免喘振的发生。

（2）风管选择

一般采用的风管主要有金属风管（普通薄钢板、镀锌钢板、铝板、不锈钢、塑料复合等）和非金属风管（硬聚氯乙烯、玻璃钢、酚醛铝箔、聚氨酯铝箔、玻璃纤维复合、聚酯纤维复合、聚酯纤维织物、玻镁风管等）。由于化学合成原料药厂房的特殊性，一般选用金属风管，并且应注意做好静电接地措施和满足耐腐蚀的要求。

如果风管在输送空气过程中冷、热量损耗大，又要求空气温度保持恒定，或者要防止风管穿越房间时对室内空气参数产生影响及低温风管表面结露，那么都需要对风管采取保温措施。保温材料主要有聚苯乙烯泡沫塑料、超细玻璃棉、玻璃纤维保温板和聚氨酯泡沫塑料等。

（3）空气净化处理设备选择

在选择空调系统时，应遵循下列基本原则：

第一，温湿度基数不同、空气洁净度要求不同或使用时间不同的空调区，负荷特性相差较大或分别需要同时供热和供冷的空调区，空气中含有易燃易爆物质的空调区，应分别设置空调系统。

第二，空间较大、人员较多的房间，房间温湿度允许波动范围小、噪声或洁净度标准高的工艺空调区，过渡季可采用新风作冷源的空调区，宜采用全空气定风量空调系统。

第三，当各房间热湿负荷变化情况相似、各房间温湿度波动允许范围宽泛时，可集中设置共用的全空气定风量空调系统，并采用集中的室内温度控制。

第四，当室内产湿量较大，房间允许采用较大的送风温差时，应采用具有一次回风的全空气定风量空调系统。当室内产湿量较小，要求采用较小的送风温差，或相对湿度允许波动范围较大、换气次数要求较大时，可采用二次回风系统。

第五，多个空调区合用一个空调系统，尤其是全年需要送冷的内区空调系统，各房间负荷变化不一致，需要分别调节室内温度且室内空气品质要求较高时，或仅负担单个空调区，低负荷运行时间长，相对湿度不宜过大时，技术经济合理，宜采用全空气变风量空调系统。当房间允许温湿度波动范围小或噪声要求严格时，不宜采用变风量空调系统。采用变风量空调系统，风机宜采用变速调速，并应有保证最小新风量要求的措施；当采用变风量末端装置时，应采用扩散性能好的风口。

第六，空调房间较多，各房间要求单独调节，建筑层高较低的建筑物，宜采用风机盘管加新风系统，经处理的新风直接送入室内。当房间空气质量和温湿度波动范围要求严格或空气中含有较多的油烟时，不宜采用风机盘管。

第七，室外空气计算湿球温度小于23℃的干燥地区，散湿量小或无且全年需要降温的高温车间，要求高湿度或对温度无限制的生产车间，均宜采用蒸发冷却空调系统。

系统最小新风量的确定需考虑下列因素：

一是卫生要求。在人长期停留的空调房间内，新鲜空气的多少对于健康有直接影响。在进行实际工程设计时，可根据有关设计手册、技术措施以及当地卫生防疫部门所规定的数据确定空调房间内人均新风量标准。

二是补充局部排风。当空调房间内根据需要设置排风系统时，为了不使空调房间产生负压，必须有相应的新风量来补充排风量。

三是保持空调房间正压要求。为了防止外界空气渗入空调房间，干扰空调房间内温、湿度，空调房间正压值应保持在5～10 Pa范围内，需向室内补充新风。

设计时，应将上述三项进行房间的风量平衡计算，从中得到设计的系统最小新风量。

7.4.3 HVAC 布置设计

风管布置直接关系到通风、空调系统的总体布置，它与工艺、土建、电气、给排水等专业密切相关，应相互配合、协调一致。

7.4.3.1 通风系统的防爆措施

（1）排除有爆炸危险物质的局部排风系统，其风量应按在正常运行和事故情况下，风管内这些物质浓度不大于爆炸下限的 50% 计算。

（2）防止可燃物在通风系统的局部地点（设备、管道或个别死角）积聚。

（3）排除、输送有燃烧或爆炸危险混合物的通风设备和风管，均应采取防静电接地措施（包括法兰跨接），且不应采用容易积聚静电的绝缘材料制作。

7.4.3.2 除尘系统设计

（1）除尘系统的排风点不宜过多，以保证各支管间的压力平衡。如排风点多，可用大断面集合管连接各支管。集合管内流速不宜超过 3 m/s，集合管下部应设置卸灰装置。

（2）除尘风管宜垂直或倾斜敷设，倾斜敷设与水平面的夹角宜大于 45°。如果由于某种原因，风管必须水平敷设或与水平面的夹角小于 30° 时，管道不宜过长，同时应采取防止积尘的措施，如加大管内风速、在易积尘位置附近设置密闭清扫孔等。

（3）排除有爆炸危险物质和含有剧毒物质的排风系统，其正压管段不得穿过其他房间。排除有爆炸危险粉尘的风管宜采用圆风管，宜垂直或倾斜敷设。水平敷设管道时不宜过长，需用水清灰时，沿气体流动方向应有不小于 0.01 的坡度。

（4）除尘器宜布置在除尘系统的风机吸入段；如布置在风机的压出段，则应选用排尘风机。

（5）在下列任一情况下，供暖、通风与空调设备均应采用防爆型，风机和电机之间不得采用皮带传动（《工业建筑供暖通风与空气调节设计规范》第 6.9.15 条）：

① 直接布置在爆炸危险区域内时；

② 排除、输送或处理有甲、乙类物质，其浓度大于或等于其爆炸下限的 10% 时；

③ 排除、输送或处理含有燃烧或爆炸危险的粉尘、纤维等物质，其含尘浓度大于或等于其爆炸下限的 25% 时。

7.4.3.3　通风系统管道防爆设计

（1）甲、乙类生产厂房的风管，以及排除有爆炸危险物质的局部排风系统的风管，不宜穿过其他房间。必须穿过时，应采用密实焊接、元接头、非燃烧材料制作的通过式风管。通过式风管穿过建筑物的墙、隔断和楼板处，应用防火材料密封。

（2）排除有爆炸危险物质和含有剧毒物质排风系统，其正压管段不得穿过其他房间。排除有爆炸危险物质的排风管上，其各支管节点处不应设置调节阀；但应对两个管段结合点及各支管之间进行静压平衡计算。

（3）排除或输送有燃烧或爆炸危险物质的风管不应穿过防火墙和有爆炸危险的车间隔墙，且不应穿过人员密集或可燃物较多的房间。一般通风管道如确实需要穿过防火墙和不燃型楼板等防火分隔物时，应在穿过处设防火阀。穿过防火墙两侧各 2 m 范围内的风管，其保温材料应采用不燃材料。风管穿过处的空隙应用防火材料填塞。

（4）尾气处理装置设置在屋顶或室外地面，并应根据环保要求设置其排气筒的高度，不应低于 16 m，且应高于周边 200 m 范围内最高建筑物 5 m。

（5）事故排风可通过设置外墙上的轴流风机实现。或者与平时通风相结合，风机设置在屋顶，平时收集进入尾气处理装置，事故时高空排放。

7.4.3.4　冷热源布置

整个建筑内一般集中设置一处冷热源站房（规模较大时，也可能有几个集中冷热源站房），并将空调用冷、热介质（通常为冷、热水）通过管道输送到分散设置的空气处理设备之中。集中冷热源系统具有以下特点：

① 具有较高的冷热源能效。在集中冷热源系统中，冷热源设备的容量通常都比较大，因此设备本身的能效比较高。以冷水机组为例，大型冷水机组的 COP 通常比小容量机组的 COP 高出 20% ~ 30%。

② 便于集中管理和保证能源系统的优化运行。集中冷热源系统的设置，可以使得制冷与供热的能源形式多样化，可通过多种组合方式，使各类能源充分发挥其自身的特点与功效。集中式冷热源还适合于采用移峰填谷的蓄能空调技术和利用可再生能源的各种水源热泵技术。冷热源装置的集中设置，对于运行管理也非常有益，可以做到方便快捷，及时处理各种突发的问题。

③ 能够较好地与建筑设计相配合。相对于分散设置冷热源的系统，集中设置冷热源后，与建筑外观配合更为方便，制冷时需要与建筑设计协调的主要是少数冷却设备（如冷却塔等）。如果采用锅炉供热，则与建筑外观相联系的只有烟囱；如果采用城市热网和热交换器方式，则对建筑外观没有影响。

④ 采用冷热水输送，安全可靠。

⑤ 由于冷热水输送的距离较长，输送系统的能耗所占的比例比较大（与短距离输送的分散冷热源系统相比）。因此，需要对冷热源装置的效率和输送能效进行综合评估。只有当冷热源装置由于能效提升的节能量大于输送能耗增加的能耗量（全年评估）时，它才具有较好的节能效果。

⑥ 部分负荷运行效率和满足性相对较差。以供冷为例，当建筑的冷负荷较低时，冷水机组由于受到最小制冷量的限制，有可能无法满足低负荷的运行要求，或者即使能够运行，其制冷 COP 也是处于较低的运行状态。同时，在采用定流量运行的系统中，低负荷状态下，输送能耗在系统能耗中所占的比例将进一步增大。

设备选择还有一个容量和台数的搭配问题。在总容量确定合理的前提下，不同的冷热源设备台数和不同的容量搭配，对于实际运行的能耗效果会存在一定的区别。以冷水机组的选择为例，大容量机组通常设计状态下的 COP 值较高，但在部分负荷运行时，COP 值通常会有所下降。同时，冷水机组还存在最小负荷的限制问题。当需求小于最小的限值时，机组不能正常工作，空调效果必定受到严重影响。反之，如果台数选择过多，在控制上的复杂性增加，单台机组设计状态下的 COP 值降低将使能源的装机容量上升。因此，这是一个权衡问题。在进行这种权衡过程中，首先需要考虑的是满足使用要求。当建筑可能需要的最小冷量比例较低时，采用大、小机组搭配的方式，在许多建筑中得到了较为广泛的应用，也收到了很好的运行节能效果。

7.4.4 HVAC 的智能设计

7.4.4.1 空调的控制过程

传感器把温度、湿度、压力、风量等被控物理量转换成电量的标准信号后送到控制器中，控制器根据控制要求，把输入的检测信号与设定值比较，将其偏差经相应的调节后输出开 / 关信号或连续的控制信号，去调节、控制相应的执行器，实现对被控量的控制。在这个控制过程中，需要用到传感器、执行器和控制器。

一般的空调系统需设置以下监测：新、回、送、排风口处风量、温度的监测；建筑物相邻房间（区域）压力梯度控制和风量平衡监测；定风量与变风量空调系统风量保证、控制及监测；通风空调系统冬天平衡监测控制；整体运行的能耗动态分析、监测与评估。

通常制药的净化空调系统需设置三级以上的过滤器，各级过滤器在运行周期内逐渐积尘、堵塞，系统阻力不断增大（过滤器的终阻力一般为初阻力的 2 倍）。工程设计要按照系统最大阻力、最不利的工况进行。在净化空调系统运行初期，各级过滤器都处在无堵塞的状态下，系统阻力较小，从而导致系统送风量过大；随着系统运行时间的增加，系统阻力不断增加，送风量逐渐变小，过小的风量将导致房间达不到净化要求。为了避免上述情况的发生，同时节省风机的运行能耗，风机需采用变频控制，做到无论系统阻力如何变化，空调系统的送风量都恒定不变，同时要做到风机以最小的工作压，达到设计风量。由于送风系统设置了定风量阀，只要定风量阀正常工作，房间的风量就会稳定不变，因此，如果风机转速能够保证最不利环路的定风量阀前后最小工作压，则房间的风量将得到保证，同时风机也是在最节能的状态下运行。

净化空调系统在大多数时间都是以值班风量运行来保持房间的压力梯度。采用带电动执行器的定风量阀，实行定风量阀的工作风量和值班风量双位转换控制。洁净区要求室内保持一定的相对正压或负压，以保证相关区域的气流流向，防止有毒有害或污染物质的扩散以及不同产品间的交叉污染。因此，系统一旦调试完毕，系统自风量和新风量不能随意改变，否则房间的压力梯度将被破坏。

7.4.4.2　房间压力控制

采用风量差值控制法 + 压差直接控制法控制房间压力。送风支管上设置双位定风量系统（CAV），实现工作风量与值班风量的转换。回、排风管上设置变风量系统（VAV），区域控制器调节 VAV，使其与 CAV 保持一定的风量差，差值大小现场调试时确定，并在房间压力稳定后，根据房间的压差信号微调排风量的大小，保持房间的压差恒定。

在压力房间的门打开时，房间的压力无法保持，此时风量差值控制回路可以保持正确的空气流向，门磁开关输出门开启信号，通知控制系统采取以下措施：锁定压力控制回路，避免其跟随动作；锁定压力控制回路的最后输出值；当门打开时提高风量的差值，增强空气流向。

7.4.4.3　风机转速控制

送风机转速根据保证送风最不利环路的定风量阀前后最小工作压差（AP = 50 Pa）来控制。直接数字控制（DDC）系统根据测量的压差与设定值（50 Pa）的差值，经比例微积分（PID）控制系统运算后，变频调节送风机转速。

7.4.4.4　新、排风量控制

送风阀、回风阀、新风阀应三阀联动调节，直接数字控制（DDC）系统检测回风量与送风量并进行比较，根据其差值调节新风阀的开度，使送风量保持恒定，保证系统中各个房间的压力梯度恒定不变。

7.4.4.5　房间温、湿度控制

（1）夏季工况

DDC 系统根据回风相对湿度与设定值的差值，通过 PID 控制系统，调节冷水阀开度，使相对湿度恒定。

DDC 系统根据回风温度与设定值的偏差，调节再热加热器蒸汽阀开度，使回风温度维持恒定。

（2）冬季工况

冷水阀关闭，DDC 系统根据回风温度 t 与设定值的偏差，经 PID 控制系统运算后，调节加热器蒸汽阀开度，使回风温度维持恒定。

DDC 系统根据回风相对湿度与设定值的差值，通过 PID 控制系统运算，调节加湿蒸汽阀开度，使相对湿度恒定。

7.4.4.6　定风量阀的双位转换

工作风量和值班风量双位转换时，送风机变频运行，控制系统通过给定排风机变频器运行频率来控制排风机的风量。

7.4.4.7　其他控制

送风机、排风机连锁，启停顺序为：先开送风机，延时开排风机；先关排风机，延时关闭送风机。

电动风阀与送风机、排风机连锁开闭，当风机停止后，所有电动风阀及水路电动阀门、蒸汽调节阀等也全部关闭（冬季，加热阀应先于风机和风阀开启，后于风机和风阀关闭）。

当过滤器阻力超过设定值（一般为 2 倍初阻力值）时，在中控室发出报警信号。

工作场所应设置有毒气体或有爆炸危险气体监测及报警装置，当出现报警时，事故通风装置应与其连锁启动，同时应保证事故通风机的可靠性。当设置有补风系统时，补风机也应与排风机连锁启停，从而保证整个系统的稳定安全运行。

7.4.5 案例

7.4.5.1 项目概况

中国北方地区某项目拟建化学合成原料药车间，车间长 80 m，宽 21 m，单层高度为 8 m。其中合成反应区长度为 56 m，内设置反应釜、冷凝器、储罐等工艺设备；精干包区域长度为 24 m，主要为干燥、精制、包装的净化区域。车间内生产过程中使用的主要危险物质有甲醇、乙醇、丙酮、甲苯等。见表 7-18。

表 7-18 车间内主要有害物质

名称	物化性质及危害
甲醇	又称羟基甲烷，是一种有机化合物，有毒。液体。高度易燃，其蒸汽与空气混合，能形成爆炸性混合物。吞食后有毒。跟皮肤接触有毒。吸入有毒，短期暴露有严重损伤健康的危险
乙醇	易挥发，易燃烧，刺激性。该品为中枢神经系统抑制剂。首先引起兴奋，随后抑制。在生产中长期接触高浓度乙醇可引起鼻、眼、黏膜刺激症状以及头痛、头晕、疲乏、易激动、震颤、恶心等
丙酮	无色透明易流动液体，有微香气味，极易挥发。对中枢神经系统有麻醉作用，长期接触会出现乏力、恶心、头痛、头晕、易激动等症状。重者发生呕吐、气急、痉挛，甚至昏迷。对眼、鼻、喉有刺激性
甲苯	无色透明液体，有类似苯的芳香气味。该品易燃，具刺激性。易制毒 -3。对皮肤、黏膜有刺激性，对中枢神经系统有麻醉作用。短时间内吸入较高浓度该品可出现眼及上呼吸道明显的刺激症状、眼结膜及咽部充血、头晕、头痛、恶心、呕吐、胸闷、四肢无力、步态蹒跚、意识模糊。重症者可出现躁动、抽搐、昏迷症状。对环境有严重危害，对空气、水环境及水源可造成污染

项目平面布局见附录 B.6。

7.4.5.2 项目特点分析

① 化学合成原料药生产设施：

② 使用易燃易爆化学物品；

③ 生产环境有净化控制要求；

④ 使用有毒化学物品；

⑤ 生产环境有湿度控制要求；

⑥ 项目为在原有厂区内新建生产设施；

⑦ 项目须满足环保与操作运行的要求，并与厂区原有设施相协调；

⑧ 厂址位于温带气候干燥区。

7.4.5.3　项目设计

（1）空气质量设计

① 局部排风设计：合成区反应釜投料口均设置可伸缩排风罩。局部排风罩风口风速按危险物性质取 0.4 ~ 0.5 m/s，可以计算出每个排风罩的排风量。根据工艺同时使用系数计算出局部排风量的大小，取 5% ~ 10% 的漏风系数，选择所需要的风机。

② 全面通风设计：整个合成区域设置不小于 7 次 /h 换气次数的排风，上部排 1/3，下部排 2/3。通风量 $V_L = 56 \times 21 \times 6 \times 7 = 49\ 392\ m^3/h$（注：当高度超过 6 m 时，按 6 m 计算）。

③ 局部送风设计：人员操作区域，均设置舒适送风口，保证人员的工作环境质量。

④ 尾气处理设计：所有局部排风和全面排风均收集，进入屋顶尾气处理装置，先经喷淋塔，后经活性炭吸附，达标排放。

净化区域设置符合要求的净化空调系统，排风经中效或高效排风机处理后排放。车间净化区域房间参数与估算见表 7–19。

表 7–19　车间净化区域房间参数与估算汇总

房间名称	房间面积	吊顶高度	房间体积	洁净级别	换气次数	送风量	回风量	排风量	正压泄漏	新风量	新风比
脱衣洗手	6.5	2.6	16.9	D	15	300		250	100–50		
穿洁衣	3	2.6	7.8	D	20	200	100		100		

（续表）

房间名称	房间面积	吊顶高度	房间体积	洁净级别	换气次数	送风量	回风量	排风量	正压泄漏	新风量	新风比
缓冲	4.5	2.6	11.7	D	20	250	300		50−100		
脱衣	3.5	2.6	9.1	D	20	200		300	−100		
缓冲	3.5	2.6	9.1	D	20	200	200		50−50		
结晶离心	207	4.1	848.7	D	20	17 000		16 800	200		
废弃物	2.5	2.6	6.5	D	20	150	150		50−50		
暂存间	3	2.6	7.8	D	20	150	100		50		
器具清洗	4	2.6	10.4	D	20	200		200	50−50		
器具暂存	5.5	2.6	14.3	D	20	300	250		50		
消毒剂暂存	5	2.6	13	D	20	300	250		50		
合计	248	30.1	955.3		215	19 250	1 350	17 550	350	17 900	92.99%

（2）安全设计

① 事故通风设计：因业主方无法准确提供各物质释放量，查《化工采暖通风与空气调节设计规范》（HG/T 20698—2009）附录 C，可知车间危险物质中甲苯需要换气次数为 14 次，设置不小于 14 次 /h 的事故通风换气次数。

② 补风设计：平时通风及施工通风均设置不小于 80% 排风量的补风，并与排风连锁。

③ 加压送风设计：门斗及前室均采取不小于 30 Pa 的加压送风措施，防止危险气体泄漏。

（3）温湿度控制设计

根据人员舒适度的要求，设置夏季送风系统和冬季采暖系统。

合成区设计 40% ~ 60% 的相对湿度，避免产生火花，同时也要防止湿度过大，影响电气元件寿命。

净化区根据净化级别要求分别设置相应的温湿度。

外门均设置风幕，防止危险气体泄漏，同时避免外部空气进入室内，影响室内环境。

项目 HVAC 流程图见附录 B.8。

洁净区平面压差图见附录 B.9。

7.5 冷链系统与温度定义

在药品的外包装上，我们经常会看到标签上有存贮的要求，如“常温”“室温”“冷链”等。还有要求“药品在运输过程中应维持在生产商给定的或在外包装上指定的存贮条件范围内”。这些要求和说法在不同的地方有不同的界定。比如欧洲药典中提到的常温——环境温度存贮。因为常温变化很大，它表示“室温”或常规存贮条件，意思是说存贮在 15 ~ 25℃（59 ~ 77 ℉）之间的室温、干燥通风环境中，或者根据气候条件可能达到 30℃。美国药典则提到受控室温——在常规工作环境中采用温控方式控制在 20 ~ 25℃（68 ~ 77 ℉）；在药房、医院和仓库里，以及在运输中允许在 15 ~ 30℃（59 ~ 86 ℉）之间波动。如果平均动力学温度不超过 25℃，允许在 24 小时以内温度升至不超过 40℃。只有生产商有说明时，温度才可以超过 40℃。为方便大家理解和使用，现将各种温度的定义范围汇总，供大家参考使用，见表 7–20。

表 7–20　国际上各地区温度定义对比　　单位：℃

类型	欧盟	世卫组织	美国	日本
冷冻 / 深冷	低于 −15	低于 −20	—	—
冷藏	2 ~ 8	—	—	—
低温	8 ~ 15	2 ~ 8	< 8	1 ~ 15
凉处	8 ~ 15	8 ~ 15	8 ~ 15	—
室温	15 ~ 25	15 ~ 25	工作区一般温度	1 ~ 30

（续表）

类型	欧盟	世卫组织	美国	日本
受控室温	—	—	20 ~ 25，允许波动范围 15 ~ 30	
常温	—	根据气候条件 15 ~ 25 或 30	—	—

总体来说，应避免在存贮和运输中以及包装上仅仅使用像“常温”“室温”“冷链”之类的术语，因为这些术语并不总是很清晰，可能在世界上其他地方有不同的含义。存贮条件最好能指定清晰的温度范围（例如 15 ~ 25℃或 +2 ~ +8℃）。尤其要注意工艺过程中避免液体和半固体的冷冻。

参考文献

[1]陈敏恒，丛德兹，方图南，等.化工原理[M].4版.北京：化学工业出版社，2015.

[2]国家食品药品监督管理局药品认证管理中心.药品GMP指南：口服固体制剂[M].北京：中国医药科技出版社，2011.

[3]国家食品药品监督管理局药品认证管理中心.药品GMP指南：原料药[M].北京：中国医药科技出版社，2011.

[4]国家食品药品监督管理局药品认证管理中心.药品GMP指南：质量管理体系[M].北京：中国医药科技出版社，2011.

[5]黄步余.石油化工自动控制设计手册[M].北京：化学工业出版社，2020.

[6]蒋维钧、戴猷元、顾惠君.化工原理[M].3版.北京：清华大学出版社，2009.

[7]金东庆.实验动物环境设施设计与管理[M].北京：蓝天出版社，2012.

[8]李昌友.土木工程经济与管理[M].北京：中国铁道出版社，2001.

[9]李国庭.化工设计概论[M].2版.北京：化学工业出版社，2014.

[10]廖传华，顾国亮，袁连山.工业化学过程与计算[M].北京：化学工业出版社，2005.

[11]陆耀庆.实用供热空调设计手册[M].2版.北京：中国建筑工业出版社，2007.

[12]马丽锋.制药工艺设计基础[M].北京：化学工业出版社，2013.

[13]马沛生，夏淑倩，夏清.化工物性数据简明手册[M].北京：化学工业出版社，2013.

[14]马沛生.化工热力学[M].北京：化学工业出版社，2005.

［15］全国化工设备设计技术中心站搅拌工程委员会．搅拌设备［M］．北京：化学工业出版社，2019.

［16］全国勘察设计注册公用设备专业管理委员会秘书处．全国勘察设计注册公用设备工程师暖通空调专业考试复习教材［M］．北京：中国建筑工业出版社，2021.

［17］上海化工学院，天津大学，浙江大学．化学工程［M］．北京：化学工业出版社，1980.

［18］宋航．制药工程技术概论［M］．北京：化学工业出版社，2019

［19］王沛．制药工程设计［M］．北京：中国中医药出版社，2018.

［20］王亚楼．化学制药工艺学［M］．北京：化学工业出版社，2008.

［21］王志祥．制药工程学［M］．2 版．北京：化学工业出版社，2008.

［22］杨秀琴，徐绍红．化工设计概论［M］．北京：化学工业出版社，2010.

［23］张珩．制药工程工艺设计［M］．3 版．北京：化学工业出版社，2020.

［24］张志华．化工与制药生产基础［M］．北京：化学工业出版社，2013.

［25］赵文成．中央空调节能及自控系统设计［M］．北京：中国建筑工业出版社，2018.

［26］中国石化集团上海工程有限公司．化工工艺设计手册［M］．3 版．北京：化学工业出版社，2003.

［27］化工部项目经理培训教材编委会．工程项目管理概论．1998.

［28］化工部项日经理培训教材编委会．设计管理．1998.

［29］安玉龙，黎圣藜．安全阀的计算和选用［J］．石油化工设计，1993（3）：54−65.

［30］黄泽淦．管道补偿器的选择和计算方法［J］．油气储运，1983（4）：30−42.

［31］李乃芳．查图表确定管流直径的新方法［J］．华南工学院学报（自然科学版），1986（1）：15−26.

[32]邵伟，杨祥龙，黄京山．基于健康的暴露限度（HBELs）的确定方法[J].山东化工，2018（17）：141，151.

[33]涂光备．医院的空调与净化[J].洁净与空调技术.1997（3）：2-10.

[34]王璋．蒸汽管径的图表计算[J].陕西化工，1983（4）：72-74.

[35]应利诚．带搅拌反应釜的传热计算[J].中国化工贸易，2017（4）：138-139，141.

[36]周振天，徐得潜，马常仁．经济管径计算方法优化探讨[J].给水排水，2013（6）：108-110.

[37]中华人民共和国国家标准《石油化工安全仪表系统设计规范》（GB/T 50770—2013）.

[38]中华人民共和国国家标准《过程工业领域安全仪表系统的功能安全 第1部分：框架、定义、系统、硬件和应用编程要求》（GB/T 21109.1—2022/IEC 61511—1：2016）.

[39]中华人民共和国国家标准《医药工程建设项目设计文件编制标准》（GB/T 50931—2013）.

[40]中华人民共和国国家标准《制药机械（设备）在位清洗、灭菌通用技术要求》（GB/T 36030—2018）.

[41]中华人民共和国化工行业标准《自动化仪表选型设计规范》（HG/T 20507—2014）.

[42]美国国家标准学会．ANSI/ISA 88.00.02—2001 Batch Control Part 2: Data Structures and guide.

[43]美国材料与试验协会．基于健康的接触限值（HBEL）推导的标准指南.2020.

[44]熊小刚．不同监管机构对清洁残留限度计算方法的对比．（2020-04-15）．https://mp.weixin.qq.com/s?__biz=MzA4NDA1MDEzNA==&mid=2247486852&idx=1&sn=61ad968533d5d53fd321a6e0fcf21d9b&chksm=9fec643da89bed2ba3691a7c172a09e4f6ec3431081e9052d89d2c0e4d97027e6efbee382c86&scene=27.

附录A

A.1 单位换算表

面积	m^2	亩	ha	
	10 000	15	1	
流量	L/s	gal/min	ft^3/s	
	1	15.850	0.035 31	
密度 ρ	g/cm^3	lb/ft^3	lb/gal	
	1	62.43	8.345	
压力	atm	Pa	lb/in^2	kg/cm^2
	1	101 330	14.7	1.033
黏度 μ（动力）	Ns/m^2	Pa	cP	kg/ms
	1	10	1 000	3 600
能量	J	kgm	kWh	kcal
	9.806 7	1	2.724×10^{-6}	2.342×10^{-3}
功率	kW	kgm /s	P	kcal/s
	1	101.97	1.341 0	0.238 9
热容 C_p	J/（g℃）	kcal/（kg℃）		
	1	0.238 9		
导热系数 λ	kcal/（mh℃）	J/（cms℃）	cal/（cms℃）	W/m
	1	0.011 63	0.002 778	1.163
传热系数 α	W/（m^2K）	cal/（cm^2s℃）	kcal/（m^2h℃）	
	1	2.389×10^{-5}	0.86	

（续表）

表面张力 σ	N/m	dyn/cm	kg/m	lb/ft
	1	1 000	0.102	0.068 54
温度换算	t℃ =（F−32）/18，Δt℃ =ΔF/1.8；K=t+273.15			

注：kcal/（m^2h℃）= kcal/（m^2 · h · ℃）= kcal · m^{-2} · h^{-1} · $℃^{-1}$ = kcal$m^{-2}h^{-1}℃^{-1}$= kcal/m^2/h/℃。

A.2　介质代号一览表

名称	代号	英文
蒸汽	S	Steam
伴热蒸汽	TS	Tracing Steam
过热蒸汽	SHS	Superheated Steam
蒸汽凝结水	SC	Steam Condensate
饮用水	DW	Domestic Water
原水	RW	Raw Water
软水	SW	Soft Water
热水	HW	Hot Water
消防水	FW	Fire water
盐水	B	Brine
锅炉给水	BFW	Boiler feed Water
纯化水	PW	Purified Water
注射用水	WFI	Water for Inject
排水	DR	Drain
废水	WW	Waste Water
排污	BD	Blow Down
放空气体	VG	Vent Das

（续表）

名称	代号	英文
真空排放气	VE	Vacuum Exhaust
仪表空气	IA	Instrument Air
压缩空气	PA	Pressured Air
惰性气体	IG	Inert Gases
冷却水	CW	Cooling Water
冷冻水	CHW	Chilled Water
冷冻盐水	CSW	Chilled Salt Water

注：① 当须指明物料代号供给或返回时，可在介质代号后加 S（Supply）表示供给；加 R（Return）表示返回。如冷却水供水为 CWS 时，冷却水回水为 CWR。

② 要指明物料状态时，在代号后加 G（Gas）表示气相；加 L（Liquid）表示液相。如氮气为 AMG，液氨为 AML。

③ 要指明气相或液相等压力高低时，可在介质代号后加 H、M、L 表示高、中、低压。

④ 生产性介质前面加 P（production），生活性介质前面加 D（domestic）。

A.3 管道组成件图例

名 称	图 例	名 称	图 例
截止阀		阻火器	
球阀（转心阀）	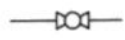	视镜	
隔膜阀（膨胀阀）	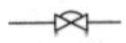	视盅	
闸阀	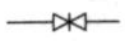	管道消声器	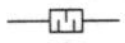
调节阀		过滤器	
蝶阀（挡板阀）		单联过滤器	
针形阀		双联过滤器	
柱塞阀 （柱塞截止阀）		Y 型过滤器	

（续表）

名称	图例	名称	图例
节流阀		锥型过滤器	
旋塞阀		T 型过滤器	
电磁阀		补偿器（伸缩器）	
电动阀		波纹管补偿器	
气动阀		套管补偿器	
液动阀		方形补偿器（矩形补偿器）	
温度调节阀		弧形补偿器	
压力调节阀		球形补偿器	
四通阀		管道混合器	
三通阀		膨胀节	
角阀		鹤管	
止回阀		安全淋浴器	
减压阀		洗眼器	
安全阀		法兰连接	
角式弹簧安全阀		焊接连接	
角式重锤安全阀		活接头连接	
疏水阀		软管活接头	
底阀		管端盲板	
浮球阀		管端法兰盖	
管帽（碟形封头）		玻璃液面计	
螺纹管帽		导电度表	
丝堵		pH 测定计	

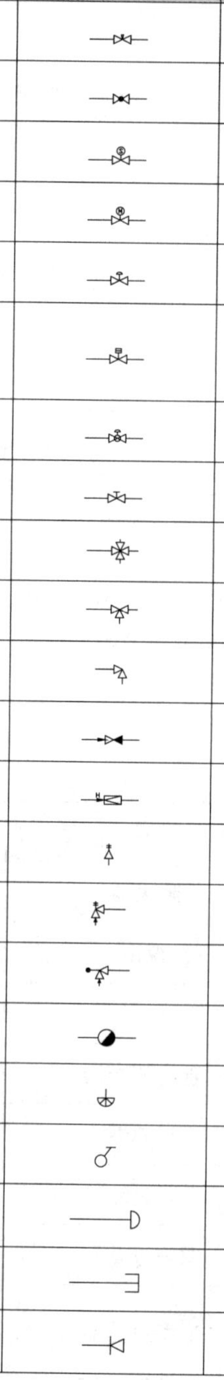

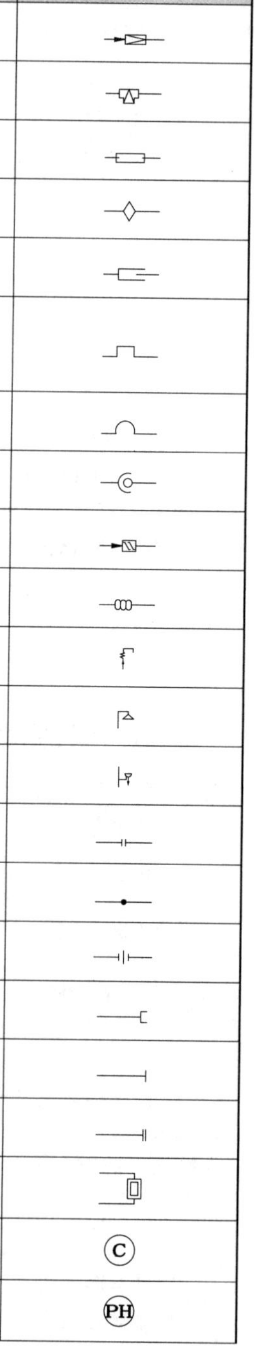

（续表）

名称	图例	名称	图例
同心异径管（同心变径管）		流量计	
偏心异径管（偏心变径管）		孔板流量计	
伴热（冷）管道		转子流量计	
电伴热管道		就地安装仪表	
夹套管		集中仪表盘面安装仪表	
保温管道		就地仪表盘面安装仪表	
柔性管		集中仪表盘后安装仪表	
喷淋管道		就地仪表盘后安装仪表	
翅片管		温度传感器	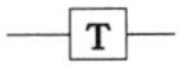
喷射器		湿度传感器	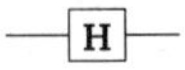
文氏管		压力传感器	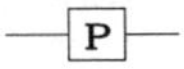
温度计		压差传感器	
压力表		固定支架	
流量指示器		滑动支架	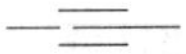

A.4 中英文对照表

中文名称	英文缩写	英文名称
原料药	API	Active Pharmaceutical Ingredient
管端管控		End-of-pipe control
预防污染		Pollution prevention

（续表）

中文名称	英文缩写	英文名称
清洁生产		Cleaner production
工艺包	PP	Process Package
概念设计	CD	Conceptual Design
基础设计	BD	Basic Design
工艺设计	PD	Process Design
基础工程设计	BE	Basic Engineering
分析和平面设计	AE	Analytical and planning Engineering
详细工程设计	DD	Detailed engineering
最终设计		Final engineering
初期控制估算	ICE	Initial Control Estimate
批准的控制估算	IAC	Initial Approved Cost
首次核定估算	FCE	First Check Estimate
二次核定估算	PCE	Production Check Estimate
初步设计		Preliminary Design
施工图	AFC	Drawings issued Approved For Construction
未分级区域	NC	Not Classified
受控但不分级区	CNC	Controlled Not Classified
职业接触限度	OEL	Occupational Exposure Limit
职业暴露等级	OEB	Occupational Exposure Band
无可见作用水平	NOEL	No Observable Effect Level
最低可见作用水平	LOEL	Lowest Observable Effect Level
无可见损害作用水平	NOAEL	No Observable Adverse Effect Level
最低可见损害作用水平	LOAEL	Lowest Observable Adverse Effect Level

（续表）

中文名称	英文缩写	英文名称
健康暴露限度	HBEL	Health Based Exposure Limits
日允许暴露值	PDE	Permitted Daily Exposure
日接受暴露值	ADE	Acceptable Daily Exposure
毒理学关注阈值	TTC	Threshold of Toxicological Concern
可接受残留水平	ARL	Acceptable Residue Level
最大允许残留量	MACO	Maximum Allowable Carryover
国际人用药品注册技术要求协调会议	ICH	International Conference on Harmonization
国际动物用药品注册技术要求协调会议	VICH	International Cooperation on Harmonization of Technical Requirements for Registration of Veterinary Medicinal Products
街区与界区		Block & Battery limit
罐区与罐组		Tank farm & tank group
工艺流程图	PFD	Process Flow Diagram
工艺控制图	PCD	Process Control Diagram
管道仪表流程图	P&ID	Piping & Instrument Diagram
公用系统管道仪表流程图	UID	Utility Piping & Instrument Diagram
供货厂商先期确认图纸	ACF	Advanced Certified Final drawings
供货厂商最终确认图纸	CF	Certified Final drawings
验证总计划	VMP	Validation Mastr Plan
系统影响评估	SIA	Sytem Impact Assessment
部件关键性评估	CCA	Component Criticality Assessment
安全风险评估	SRA	Security Risk Assessment
环境安全健康认证	ESH	Enviro nment, Safety, and Health

（续表）

中文名称	英文缩写	英文名称
危险与可操作性分析	HAZOP	Hazard and Operability Study
保护层分析	LOPA	Layers of Protection Analysis
安全仪表系统	SIS	Safety Instrumented System
基本过程控制系统	BPCS	Basic Process Control System
安全完整性等级	SIL	Safety Integrity Level
良好工程实践	GEP	Good Engineering Practice
调试与确认（ISPE）	C&Q	Commissioning and Qualification
时间加权平均允许浓度	PC−TWA	Permissible Concentration−Time Weighted Average
短时间接触容许浓度	PC−STEL	Permissible Concentration−Short Term Exposure Limit
最高允许浓度	MAC	Maximum Allowable Concentration
定风量系统	CAV	Constant Air Volume
变风量系统	VAV	Variable Air Volume
直接数字控制	DDC	Direct Digital Control
分散控制系统	DCS	Distributed Control System
采暖、通风、空调系统	HVAC	Heating, ventilation, and air conditioning
制冷（性能）系数	COP	Coefficient Of Performance
比例微积分	PID	Process Identifier
数据采集与监视控制系统	SCADA	Supervisory Control And Data Acquisition System
制造执行系统	MES	Manufacturing Execution System
企业资源计划	ERP	Enterprise Resources Planning
国际微反应技术协会	IMRET	International Microreaction Engineering Technology
质量源于设计	QbD	Quality By Design

（续表）

中文名称	英文缩写	英文名称
工艺分析技术	PAT	Prcess Analytical Technology
制造技术伙伴关系	MTP	Manufacturing Technology Partnership

A.5　术语与名词解释

（1）街区：指用通道分隔成的独立区域，一般由道路（厂区边缘由用地边界）围合的区域。

（2）界区：完成限定的生产过程的装置用地范围，可以包括一个或多个街区。

（3）罐组：布置在一个防火堤内的一个或多个储罐。

（4）罐区：一个或多个罐组构成的区域。

（5）通道：街区建筑红线之间或建筑红线与围墙之间设置的全厂系统性的道路、铁路、地上管廊、管线（架空高压线）、皮带输送走廊和进行绿化的地带。分为主要通道和次要通道。

（6）道路：包括主干道、次干道、街区内道路（支道）、车间引道、人行道五类。

（7）建筑系数：厂区用地范围内各种建筑物、构筑物占（用）地面积总和（包括露天生产装置或设备、露天堆场及操作场地的用地面积）与厂区用地面积的比率。

（8）建筑密度：建筑物的覆盖率。指在一定范围内，建筑物的基底面积总和占总用地面积的比例（%）。具体指项目用地范围内所有建筑的基底总面积与规划建设用地面积之比（%），它可以反映出一定用地范围内的空地率和建筑密集程度。

（9）厂区利用系数：厂区用地范围内各种建筑物、构筑物占（用）地面积（包括露天生产装置或设备、露天堆场及操作场地的用地面积）、铁路和道路用地面积、工程管线用地面积总和与厂区用地面积的比率。实质上是平面利用系数。

（10）工厂容积率：计算工厂容积率的建筑物、构筑物面积与厂区用地面积的比值。实质上是空间利用系数。

（11）绿地率：用地范围内各类绿地计算面积的总和与用地面积的比率。计算公式如下：

绿地率（%）＝绿化植物占地面积 / 用地总面积 ×100%

（12）绿化覆盖率：指绿化植物的垂直投影面积（覆盖场地计算面积）占总用地面积的比值。计算公式如下：

绿化覆盖率（%）＝绿化植物垂直投影面积 / 用地总面积 ×100%

（13）闪点：在规定的试验条件下，施用某种点火源造成液体汽化而着火的温度。闪燃是液体表面产生足够的蒸汽与空气形成混合可燃气体时，遇火源产生短暂的火光，发生一闪即灭的现象。闪燃的最低温度称为闪点。

（14）爆炸极限：分为爆炸下限和爆炸上限。爆炸下限指可燃蒸汽、气体和粉尘与空气组成的混合物遇火源即能发生爆炸的最低浓度（可燃蒸汽、气体的浓度，按体积比计算）。

爆炸上限指可燃蒸汽、气体和粉尘与空气组成的混合物遇火源即能发生爆炸的最高浓度（可燃蒸汽、气体的浓度，按体积比计算），超过此浓度就不能发生爆炸。

（15）最小点燃能量：指能够引起粉尘云（或可燃气体与空气混合物）燃烧（或爆炸）的最小火花能量，也称最小火花引燃能或临界点火能。

（16）最低引燃温度：能够引燃爆炸性气体（粉尘）与空气混合物的热表面的最低温度。

（17）气体爆炸场所：分为 0 区、1 区和 2 区。

0 区：连续出现或长期出现爆炸性气体混合物的环境。

1 区：在正常运行时可能出现爆炸性气体混合物的环境。

2 区：在正常运行时不可能出现爆炸性气体混合物的环境，只有故障状态下才有可能出现。

（18）释放源：可燃气体、蒸汽或液体可能释放出能形成爆炸性气体环境的部位或地点。

（19）释放等级：由释放源产生爆炸性气体环境的可能性，分为三个基本等级：连续级、1 级、2 级。

（20）安全阀积聚压（超压）：在安全阀泄压时，超过设备或管道的最大工作压力的那部分压力。

（21）安全阀定压：压力泄放阀刚好开启状态时的入口压力。

（22）安全阀泄放压力：安全阀全开（达到泄放能力）的压力，等于阀的定压加上积聚压的值。

（23）安全阀背压：安全阀的出口与排放系统连接时，作用于安全阀泄压出口处的压力，也可以认为是安全阀出口侧的压力。安全阀的泄放介质直接排入大气时，则背压为零。

（24）CNC 区域：受控但不分级区域。该区域要有空气处理单元，提供过滤后的洁净空气，但没有过滤效率和截留的粒子大小要求；管理上，要求有进出控制和更衣，区域要做清洁，具体要求可由业主自行确定。

A.6 概念设计（CD）文件编制目录（制药工业项目）

设计文件中文名称	英文缩写	设计文件英文名称
工艺模块图	PDF	Process Module Diagram
工艺描述		Process Description
工艺物料衡算		Mass Balance Sheet
生产计划		Production Scheduling
设备清单		Equipment List
工艺设备公用介质消耗		Utility Consumption
洁净公用工程工艺模块图		Clean Utility Process Flow Diagram

（续表）

设计文件中文名称	英文缩写	设计文件英文名称
洁净公用工程设计说明		Clean Utility Design Description
洁净公用工程设备清单		Clean Utility Equipment List
洁净公用工程计算表		Clean Utility Calculations
给排水设计说明		Piping Design Specification
消防设计说明		Fire Protection Design Specification
自动化设计说明		Automation Design Specification
楼宇管理系统	BMS	Building Management System
环境监测系统	EMS	Environmental Management System
空调自控系统配置结构图		AHU Automation System Configuration Structure
制造执行系统配置结构图		MES Configuration Structure
建筑和基础设施设计说明		Building and Infrastructure Design Specification
面积核算表		Acreage Check Sheet
人员表		Personnel List
项目总平面图		General Layout
建筑每一层的布局图		Building Equipment layouts
屋顶布局图		Roof Layout
建筑每一层的设备布局图		Equipment Layout
建筑每一层洁净分区图		Room Classification Layout
建筑每一层人物流向图		Personnel /Material Flows Layouts
消防分区图		Fire Prevention Zone Drawing
建筑外观图		Outside View of the Building
建筑剖面图		Section View of the Building

（续表）

设计文件中文名称	英文缩写	设计文件英文名称
建筑立面图		Elevation of the Building
应急疏散通道平面图		Emergency Evacuation Route Layout
HVAC 计算说明		HVAC Calculation Sheet
HVAC 设计说明		HVAC Design Specification
建筑物每一层压力分区图		Pressure Zoning Layout
建筑物每一层空调分区图		AHU Zoning Layout
冷库设计说明		Cold Room Design Specification
HVAC 设备清单		HVAC Equipment List
质检及办公室设计说明		QC & Office Design Explaination
质检及办公室设备清单		QC & Office Equipment List
非洁净公用工程设计说明		Black Utilities Design Specification
非洁净公用工程设备清单		Black Utilities Equipment List
非洁净公用工程耗量表		Black Utilities Consumption List
电气设计说明		Electrical Design Specification
电气负荷表		Electrical Load Sheet
电力和支持系统		Electric Power and Supportive System
结构设计描述		Structure Design Specification
通信设计说明		Communication Design Specification
验证策略		Validation Strategy
项目质量计划		Quality Activities（QA Strategy）
项目 GMP 审核报告		GMP Review Report about the Project

A.7 国际上常用洁净级别一览表

文献	标准说明			级别				
ISPE 无菌指南	环境级别			5	7	8	CNC+ 局部监测	CNC
欧盟附录 -1 2009-03 PIC/S 2007	级别规定			A	B	C	D	不规定
	静态	微粒最大允许数 /m³	0.5 μm	3 520	3 520	352 000	3 520 000	—
			5 μm	20（ISO4.8）	29	2 900	29 000	—
	动态	微粒最大允许数 /m³	0.5 μm	3 520	3 520	3 520 000	Not defined	—
			5 μm	20（ISO4.8）	2 900	29 000	Not defined	—
		微生物最多允许数 /m³		< 1	< 10	< 100	< 200	—
中国 GMP2010	静态	微粒最大允许数 /m³	0.5 μm	3 520	3 520	352 000	3 520 000	
			5 μm	20（ISO4.8）	29	2 900	29 000	
	动态	微粒最大允许数 /m³	0.5 μm	3 520	3 520	3 520 000	不作规定	
			5 μm	20（ISO4.8）	2 900	29 000	不作规定	
		浮游菌 cfu/m³		< 1	10	100	200	
美国 GMP2004	动态	微粒最大允许数 /ft³	0.5 μm	100	10 000	100 000	不规定	ISPE
		微生物最多允许数 /m³		< 1	< 10	< 100	不规定	—

注：① 国际上制药工程对空气洁净度要求有一些差异。

② 美国 FDA 规定微粒只有“动态”，但考虑到良好设计规范，也会定期测定静态粒子水平，以考核系统总体完好性。尽管在 ISPE 指南中讨论并在制药行业中采用非级别控制（CNC 区）的术语，美国也没有与欧盟相同的 D 级。

③ 如果空气比较干净，不定级的控制区（CNC）不用高效过滤器在静态可达到 ISO 8 的要求。因此，需监控的不定级别的控制区，就相当于欧盟的 D 级。

A.8 中洁净室空气中悬浮粒子洁净度

FS209（已被取代）级别	ISO 洁净度等级（N）	大于或等于表中粒径的最大浓度限值											
		pc/m³						pc/ft³					
		0.1 μm	0.2 μm	0.3 μm	0.5 μm	1 μm	5 μm	0.1 μm	0.2 μm	0.3 μm	0.5 μm	1 μm	5 μm
	1	10	2										
	2	100	24	10	4								
1	3	1 000	237	102	35	8		35	7.5	3	1		
10	4	10 000	2 370	1 020	352	83		350	75	30	10	2	
100	5	100 000	23 700	10 200	3 520	832	29		750	300	100	24	
1 000	6	1 000 000	237 000	102 000	35 200	8 320	293				1 000	237	7
10 000	7				352 000	83 200	2 930				10 000	2 370	70
100 000	8				3 520 000	832 000	29 300				100 000	23 700	700
	9				35 200 000	8 320 000	293 000						

注 1：国际标准化组织 ISO14644-1《洁净室与相关受控环境——第一部分 空气洁净度等级》

ISO 标准编制：ISO/TC209《洁净室与相关受控环境》技术委员会

ISO 1 级～ISO 9 级共九个级别，关注粒径：0.1 μm、0.2 μm、0.3 μm、0.5 μm、1 μm、5 μm。

注 2：联邦标准 FS209《洁净室与工作站的需求及受控环境》

分 1 级、10 级、百级、千级、万级、十万级六个级别，关注粒径：0.1 μm、0.2 μm、0.3 μm、0.5 μm、1 μm、5 μm。

A.9 燃烧热估算法

（1）理查德（Richard）法

理查德认为，有机化合物的标准燃烧热与该化合物完全燃烧时所需的氧原子数成直线关系，计算公式为：

$$q_c = \Sigma a + x \Sigma b$$

式中：q_c——化合物标准燃烧热，kJ/mol；

a、b——常数，与化合物结构有关，其值见附表 A-1；

x——化合物完全燃烧（产物为 CO_2、H_2O、N_2、HX、SO_2 等）时所需的氧原子数。

附表 A-1　化合物相态基数值

相态	a	b
液态、固态	23.86	218.05
气态	23.02	219.72

用理查德法计算化合物的标准燃烧热时还必须遵循以下规则：

① 在计算任何化合物的标准燃烧热时，首先要按化合物的相态计入附表 A-1 中所列的 a、b 值（正烷烃的 a、b 值）作为基数。

② 分子中或在环状结构中存在如支链结构中有两个或两个以上烷烃取代基时，则必须加上烷烃支链数值，但只加一次，因此苯和甲苯无支链值，但二甲苯、异丙苯及六甲基环已烷均须计入支链值，只计一次。

③ 分子中存在两个以上相同的官能团，则 a 值应乘以该官能团的个数，而 b 值仍以一个计算，但烷烃取代基与支链烃取代基例外。

④ 分子中存在多个不相同的官能团时，应将各个官能团的 a、b 值分别计入计算公式。有时对于同一个官能团可以有两种不同的选择，例如甲酰胺（$HCONH_2$）既可以看作是醛 + 胺，也可以看作是酰胺。遇到这种情况应该选择较复杂的官能团数值，或选择在表中排列较后的官能团的 a、b

数值。对于甲酰胺只能取酰胺的数值而不能取醛与胺的数值再相加。脲型和二缩脲型的基团则例外，两者都应看作含有两个酰胺，而二缩脲还要加一个胺基的数值。此类情况常适用于含氮化合物。

⑤ 所选择的官能团 *a*、*b* 数值应与化合物的相态一致。在一般情况下可以用液态数值代替固态数值，因为对非极性或极性很小的有机化合物来说，其熔融热通常不大，不会引起大的误差。

⑥ 有机碱与无机酸生成的盐类及水化合物的燃烧热除要计算相应的碱与酸的燃烧热外，还须加上校正值。

⑦ 对于某些含氮原子的基团，除按上述规则计算 *a*、*b* 数值外，还必需加以校正。如果由于取代生成 −N−N− 或 −N−C− 键时，则还需再加上肼或胺的校正值，例如酰胺、肼、酰肼、偶氮、偶氮氧、胍、四氮杂茂、硝基胺、硝基酰胺、亚硝胺等及其相似化合物。所以，硝基伯胺可看作含有伯胺也含有硝基胺；N− 取代的硝基酰胺可看作含有伯胺也含有硝基酰胺；具有 Ar−N = N−Ar 结构的偶氮化合物除用偶氮基、芳香环的基本的数值外，必须再加上两个伯胺的校正值。

化合物中各基团的 *a*、*b* 值见附表 A−2。

附表 A−2　化合物中各基团的 *a*，*b* 值

序号	基团类型	状态	*a*	*b*	结构
1	烷烃支链	1[①]	−15.49	0.38	
2	环丙烷	1[②]	67.83	−0.54	
3	环丁烷	1	41.87	0.46	
4	环戊烷	1	−7.12	0	
5	环己烷	1	−30.98	0	
6	环庚烷	1	−71.18	−4.15	
7	正烯烃	1	59.45	−0.04	R_2=R_2
		g	59.45	0	

（续表）

序号	基团类型	状态	*a*	*b*	结构
8	正炔烃	l	156.17	0	R−C ≡ C−R
9	苯	l	−42.29	0.29	
		g	−29.31	0	
		s	−69.08	1.88	
10	联苯	l	−129.79	1.55	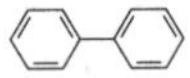
11	萘	s	−25.54	−2.47	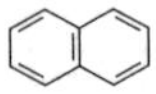
12	伯醇	l	38.52	−0.21	RCH_2OH
		g	76.62	−1.01	
13	仲醇	l	18.84	−1.84	R_2CHOH
14	叔醇	l	36.01	−4.02	R_3COH
15	混合醇	l	43.12	−2.64	
		s	15.91	5.32	
16	芳羟基	s	29.3	−1.21	Ar−OH
17	醚	l	64.9	0.03	R_3−O−CR_3
		g	117.23	−0.21	
18	环氧乙烷	l	171.66	−4.40	
19	呋喃	l	146.54	−4.90	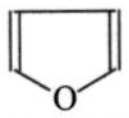
20	过氧化物	s,l	276.33	0.38	R−O−O−R
21	醛	l	48.15	−0.38	R−CHO
		g	87.92	−2.85	
22	酮	l	23.03	−0.80	R−CO−R
23	酸	l	−19.68	0.29	R−COOH
		s[3]	−15.91	−0.04	

（续表）

序号	基团类型	状态	*a*	*b*	结构
24	酸酐	l④	37.68	−0.13	RCO−O−COR
		s⑤	10.05	−0.29	
25	酯	l	57.41	−1.76	RCO−C−OR
		s	66.99	−2.60	
26	腈	l	38.94	−0.04	RC≡N
		s⑥	37.68	1.21	
27	异腈	l	111.37	2.39	RN≡C
28	亚胺	l,s⑧	49.40	−0.08	RC=N
29	伯胺	l	74.11	−3.39	R_3C-NH_2
		g	75.36	−2.05	
		s	16.75	−0.34	
30	仲胺	l	76.62	−0.50	$(R_3C)_2-NH$
		s	0	2.26	
31	叔胺	l	83.74	0.34	$(R_3C)_3-N$
32	叠氮	l,s	372.63	−4.77	$R-N_3$
33	肼	s⑥	136.07	−0.42	—N(—)—N(—)—
34	N- 亚硝基胺	s⑧	148.21	0.46	−N=N−O
35	偶氮氧	s⑧	133.98	6.03	—N=N(→O)—
36	酰胺	l⑧	−25.12	2.39	R—C(=O)—N=
		s⑧	−25.12	0.67	
37	酰亚胺	s	−25.12	1.88	$(RCO)_2-N-$
38	酰肼	s⑧	125.60	−0.63	R—C(=O)—N(—)—N(—)—
39	异腈酸	l,s	108.86	−1.59	R−N=C=O

（续表）

序号	基团类型	状态	*a*	*b*	结构
40	肟	s	189.66	−0.50	$R_2C=NOH$
41	胍	s[8]	2.93	−1.93	$H_2N-C(=NH)-NH_2$
42	硝基脂肪族	l	370.11	−1.59	RNO_2
		s	388.54	−2.85	
43	硝基芳香族	l	409.89	−1.63	$ArNO_2$
		s	388.95	−1.68	
44	三硝基	l	1223.38	1.42	$R(NO_2)_3$
		s	1203.71	−2.47	
45	硝酸酯	l	540.10	0.71	$R-O-NO_2$
		s	536.33	1.17	
46	硝基胺	s[8]	393.56	3.60	$=N-NO_2$
47	硝基酰胺	s[8]	422.87	2.30	$R-C(=O)-N(-)-NO_2$
48	亚硝基胺	l,s[8]	234.46	4.40	$-N(-)-NO$
49	亚硝基	s	87.92	7.96	R_3C-NO
50	氟	l	45.64	2.55	RF
		s	59.45	0.80	
51	三氟化物	l	151.14	−1.84	RF_3
52	氯	l[9]	−1.26	−1.34	RCl
		s[9]	−47.73	0.59	
		g[9]	−5.44	0.88	
53	溴	g[10]	−33.49	0.88	RBr
54	硫醇	l[7]	−133.98	−1.84	R−SH
55	硫醚	l[7]	−146.54	0.92	R−S−R

（续表）

序号	基团类型	状态	*a*	*b*	结构
56	硫代烃酸	l,s	−104.67	0.96	R—C(=O)—SH
57	噻吩	l,s	−234.46	4.10	
58	吡咯	l,s⑧	5.44	0.13	
59	1,2,3- 三氮杂茂	l	188.41	−1.80	
		s	180.03	−5.95	
60	1,2,4- 三氮杂茂	s⑧	205.15	1.34	
61	四氮杂茂	s⑧	205.15	1.34	
62	吡啶	l,s	58.62	−3.22	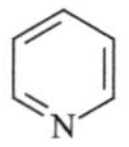
63	1- 氧 -2,5- 二氮杂茂（Furazan）	s	358.39	0.08	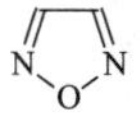
64	2- 氧基 -1- 氧 -2,5- 二氮杂茂（Furoxan）	s	528.79	−0.25	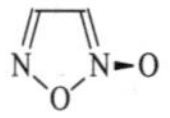
65	1- 氧 -2,4- 二氮杂茂	s	184.22	1.76	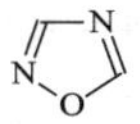
66	生成盐		−67.41	–	
67	生成水合物		18.84	–	
68	亚硝酯	g	150.72	1.68	R−O−NO
69	碘化物	s⑪	12.56	0	RI
70	二硫化物	l,s⑫	−401.93	0	R−S−S−R
71	砜	s⑫	−25.12	0	$R-SO_2-R$
72	磺酸	s⑫	−247.02	0	$R-SO_3H$
73	硫氰化物	1⑫	−100.48	0	R−CNS
74	异硫氰化物	1⑫	−75.36	0	=N−OH

（续表）

序号	基团类型	状态	***a***	***b***	结构
75	羟胺	s⑬	150.72	0	$-N\equiv N^+$
76	重氮基	s⑬	288.89	0	
77	三氮烯	s⑬	280.52	0	—N=N—N—
78	四氮烯	s⑬	318.20	0	—N=N—N—NH_2
79	五氮二烯	s⑬	460.55	0	—N=N—N—N=N—
80	蒽	s⑬	159.10	0	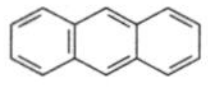
81	菲	s⑬	167.47	0	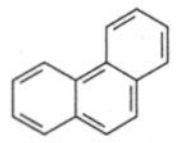
82	嵌二萘	s⑬	251.21	0	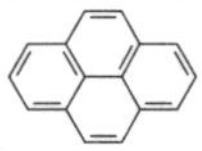
83	氮萘	l,s	−8.37	0	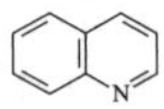
84	10- 氮杂蒽	s	−66.99	0	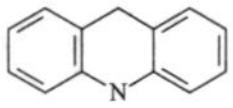
85	5,10- 二氮杂蒽	s	−12.56	0	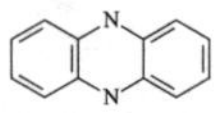
86	吲哚	l,s	−20.90	0	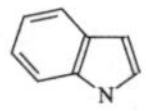
87	9- 氮杂芴	s	−62.80	0	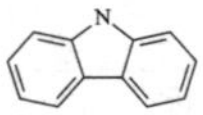

注 1：物态角标。

① 表示以基本数为基准；② 表示只限于烃类化合物；③ 表示自二价酸得来；④，⑤ 表示基于少数数据计算得来，此数值与固体值相比可靠性差；⑥ 表示仅从芳香胺计算得来；⑦ 表示生成物以 SO_2 计；⑧，⑬ 表示氮原子上有取代基时需加以适当的键值，氮原子有一取代基则加一胺值，一氮原子上有 2 个取代基则加一仲胺基；⑨，⑪ 表示生成物以 HX 计算；⑩ 表示生成物以 X_2 计算；⑫ 表示生成物以 SO_2 计。

注 2：序号 68 以后的数据系由较少的数据归纳而来，使用时请注意。

注 3：计算举例。

请用理查德法估算乙苯（$C_2H_5C_6H_5$）的燃烧热。

解：乙苯的完全燃烧方程式

$$C_2H_5C_6H_5 + 21[O] = 8CO_2 + 5H_2O$$

需要的氧原子数为 $x = 21$

化合物的相态为液态，因此 $a_0 = 23.86$，$b_0 = 218.05$

化合物的结构为苯环，因此 $a_1 = -42.29$，$b_1 = 0.29$

烷烃支链只有—C_2H_5，因此 $a_2 = 0$，$b_2 = 0$

化合物无其他官能团，因此 $a_3 = 0$，$b_3 = 0$

由此，乙苯的燃烧热为

$$qc = \sum a + x\sum b$$
$$= \sum[23.86+(-42.29)] + 21\sum(218.05+0.29) = 4\ 566\ \text{kJ/mol}$$

（2）卡拉奇（Khrasch）法

卡拉奇法估算标准燃烧热计算公式如下：

$$q_c = 109.07n + \sum(K\Delta)$$

式中：q_c——化合物标准燃烧热，kJ/mol；

n——化合物燃烧时的电子转移数，其值为燃烧氧原子数的 2 倍；

Δ——取代基和键的校正值；

K——分子中同样取代基的数目。

取代基和键的极正值见附表 A-3。

附表 A-3　取代基和键的校正值

序号	取代基和键的类型	结构式	校正值	备注
1	脂基与芳基之间的键	A_r−R	−14.7	
2	2 个芳基之间的键	A_r− A_r	−27.2	对稠环化合物等于环的结合点的数目
3	烯烃键（顺式）	=C=C=	69.1	
4	烯烃键（反式）	=C=C=	54.4	
5	芳基与乙烯基的键	A_r−CH=CH_2	−27.2	
6	芳基乙炔基之间的键	A_r−C≡CH	−27.2	

（续表）

序号	取代基和键的类型	结构式	校正值	备注
7	乙炔键	$-C\equiv CH$	193.0	
8	不与氢相联的乙炔基团	$-C\equiv C-$	138.6	
9	伯型脂基与羟基之间的键	R−OH	54.4	与羟基相连的碳原子在燃烧时，形成C−O电子不转移。羟基中氧原子上的电子燃烧时不转移
10	仲型脂基与羟基之间的键	R_2CH-OH	27.2	
11	叔型脂基与羟基之间的键	R_3C-OH	14.7	
12	芳基于羟基之间的键	A_r-OH	14.7	
13	脂基（芳基）醚	A_r（R）−O−A_r（R）	81.6	与氧相连的碳原子在燃烧时，只转移3个电子
14	脂基（芳基）化合物的醛	A_r（R）−CHO	54.4	醛基或酮基中的碳原子在燃烧时，只转移2个电子
15	脂基（芳基）化合物的酮	A_r(R)−CO−A_r(R)	27.2	
16	α−酮酸类	R−CO−COOH*	54.4	如R−CO−与−COOH相连，则引入此校正值后，无须再对−COOH的碳原子教正
17	醇酸	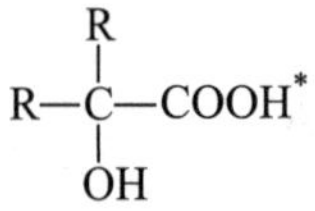	27.2	同上
18	羰基	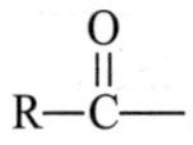	27.2	如R−CO−与−CO−R相连，除考虑此校正值外，还应计算2个−CO−的校正值
19	双羰基	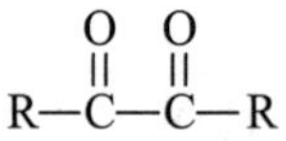	54.4	
20	羧酸中的三碳环	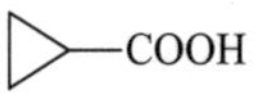	54.4	
21	羧酸中的四碳环	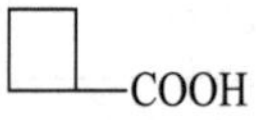	54.4	
22	内酯类	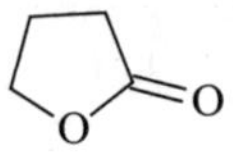	54.4	

（续表）

序号	取代基和键的类型	结构式	校正值	备注
23	羧酸酐	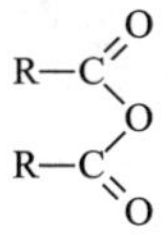	41.9	
24	脂族的酯类	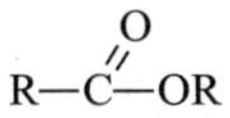	69.1	
25	脂族的伯胺类	R−NH_2	54.4	与氨基相连的碳原子燃烧时转移 4 个电子，氨基上的氢原子的电子在燃烧时也都转移
26	芳族的伯胺类	A_r−NH_2	27.2	
27	脂族的仲胺类	R−NH−R	81.6	
28	脂族的叔胺类	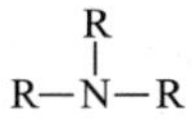	108.9	
29	芳族的仲胺类	A_r−NH−A_r	54.4	
30	芳族的叔胺类	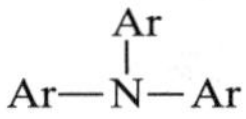	81.6	
31	芳氨基与芳基之间的键	A_r−NH−A_r	−14.7	除应引入相应的氨基校正值外，还应对每个芳基与氮之间的键引入此校正值
32	芳氨基与脂基之间的键	A_r−NH−R	−14.7	
33	重氮基	−N=N−	127.7	
34	脂型取代酰胺	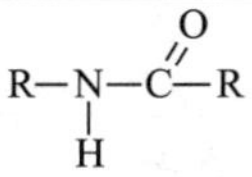	27.2	
35	芳香型取代酰胺	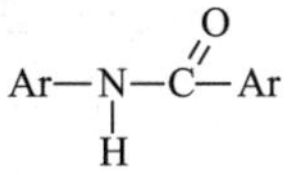	−14.7	
36	芳族（脂族）酮亚胺基	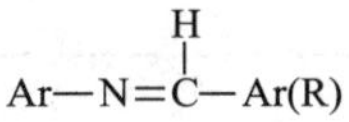	−14.7	
37	芳族（脂族）腈基	A_r(R)−CN	69.1	与腈基相连的碳原子在燃烧时转移 4 个电子
38	脂族异腈基	R−NC	138.6	
39	芳族异腈基	A_r−NC	−27.2	除引入 C 与 CN 之间的校正值，还要引入 CH 的校正值

（续表）

序号	取代基和键的类型	结构式	校正值	备注
40	芳族（脂族）硝基	A_r（R）−NO_2	54.4	与 −NO_2 相连的碳原子燃烧时转移 3 个电子
41	芳族中的磺酸基	A_r · SO_3H	−98.0	与 −SO_3H 相连的碳原子燃烧时转移 3 个电子
42	芳族中的氯磺酸基	A_r · SO_2Cl	60.1	
43	脂族氯基	R−Cl	−32.2	与 −Cl 相连的碳原子燃烧时转移 3 个电子
44	芳族氯基	A_r−Cl	−27.2	
45	脂族溴基	R−Br	69.1	
46	芳族溴基	A_r−Br	−14.7	
47	芳族（脂族）碘基	A_r（R）−I	175.8	

注 1：其他场合的 −COOH 基不校正。

注 2：计算举例。

请用卡拉奇法估算乙苯（$C_2H_5C_6H_5$）的燃烧热。

解：乙苯完全燃烧的方程式

$$C_2H_5C_6H_5 + 21\,[\,O\,] = 8CO_2 + 5H_2O$$

其中

电子转移数 $n = 21 \times 2 = 42$

官能团 −C_2H_5 的数量 $K = 1$

查上表 $\Delta_{Ar-R} = -14.7$ kJ/mol

由此乙苯的燃烧热为

$$q_c = 109.07n + \sum (K\Delta)$$
$$= 109.07 \times 42 + (-14.7) = 4\,566 \text{ kJ/mol}$$

A.10 本书符号说明

符号	意义	SI 单位	工程单位
Q	热量	J	kcal
W	物体的质量	kg	kg，t
C_p	比热	J/（kg·K）	kcal/（kg·℃）
t	摄氏温度	℃	℃

（续表）

符号	意义	SI 单位	工程单位
α	传热系数，表面传热系数	$W/(m^2 \cdot K)$	$kcal/(m^2 \cdot h \cdot ℃)$
C	传热辐射系数	$W/(m^2 \cdot K^4)$	$kcal/(m^2 \cdot h \cdot ℃^4)$
T	开氏温度	K	K
q_r	反应热	J/mol	kcal/mol
q_f	生成热	J/mol	kcal/mol
q_c	燃烧热	J/mol	kcal/mol
V_c	每日处理物料体积	L，m^3	L，m^3
V_e	设备容积	L，m^3	L，m^3
V_p	设备有效容积	L，m^3	L，m^3
φ	装料系数		
τ	每批物料的处理时间（包括辅助时间）	s	h，min，s
m	每日过程循环进行的次数		
β	每日每台设备过程循环进行的次数		
n_p	需要的设备数量		
n_i	应安装的设备数量		
δ	设备生产能力的后备系数		
θ	反应时间（与 τ 相差一个辅助时间）	s	h，min，s
M_o	反应物料转化的摩尔量	mol	mol
x	在 θ 时间内，物料的转化率		
r	反应速率	$mol/(m^3 \cdot s)$	$mol/(m^3 \cdot min)$
C_o	反应物的原始浓度	mol/m^3	mol/cm^3
C_F	进口流中反应物的浓度	mol/m^3	mol/cm^3
C_E	出口流中反应物的浓度	mol/m^3	mol/cm^3
λ	导热系数，热导率	$W/(m \cdot K)$	$kcal/(m \cdot h \cdot ℃)$

（续表）

符号	意义	SI 单位	工程单位
L	传热面的几何特性	m	m
n	搅拌器转速	s^{-1}	s^{-1}
d	搅拌器直径	m	m
ρ	密度	kg/m^3	g/cm^3，kg/cm^3，t/m^3
μ	物料在主体温度下的黏度	Pas	kg/(m·s)，cP
μ_w	物料在壁温温度下的黏度	Pas	kg/(m·s)，cP
D	反应釜内径	m	m
α_s	釜侧传热系数	$W/(m^2·K)$	$kcal/(m^2·h·℃)$
α_c	盘管侧传热系数	$W/(m^2·K)$	$kcal/(m^2·h·℃)$
α_j	夹套侧传热系数	$W/(m^2·K)$	$kcal/(m^2·h·℃)$
K	总传热系数	$W/(m^2·K)$	$kcal/(m^2·h·℃)$
d_i	管道内径	m	mm，in
R	盘管弯管曲率半径	m	m
l	管道长度	m	m
P	盘管螺距	m	mm
D_{ci}	半管内径	m	mm，in
D_{ji}	夹套内经	m	m
D_{jo}	夹套外径	m	m
ω	夹套环隙的宽度	m	mm，in
Δ	材料壁厚	m	mm
R_z	热阻	$m^2·K/W$	$m^2·h·℃/kcal$
α_z	污垢系数	$W/(m^2·K)$	$kcal/(m^2·h·℃)$
A	传热面积	m^2	m^2
Q'	传热速率	W	kcal/h

（续表）

符号	意义	SI 单位	工程单位
Δt_m	对数传热温差	K，℃	K，℃
t_i	传热介质入口温度	K，℃	K，℃
t_o	传热介质出口温度	K，℃	K，℃
t_b	物料主体温度	K，℃	K，℃
F	被搅拌液体的截面积	m^2	m^2
k	搅拌强度常数		
D'	逆向混合系数		
G	流体的质量流量	$g/(cm^2\cdot s)$	$kg/(m^2\cdot h)$，$t/(m^2\cdot h)$
ξ	阻力系数		
ψ	形状因子		
φ_φ	颗粒形状系数		
C_g	气体的热容	$J/(mol\cdot K)$	$kcal/(kg\cdot ℃)$
C_s	固体的热容	$J/(mol\cdot K)$	$kcal/(kg\cdot ℃)$
t_c	冷凝水温度	K，℃	K，℃
B	燃料的消耗量	kg	kg，t
E	电能消耗量	J	kWh
u	流体流速	m/s	
V_u	流体的体积流量	m^3/s	m^3/min，m^3/h，m^3/d
A	安全阀最小泄放面积	mm^2	
d_1	安全阀喉径	mm	
D	安全阀阀座口径	mm	
X	气体特性系数		
Z	气体压缩因子		
C_o	安全阀流量系数		

（续表）

符号	意义	SI 单位	工程单位
P_0	安全阀的定压	MPa	
P_a	安全阀积聚压	MPa	
P_1	安全阀泄放压力	MPa	
P_b	安全阀背压	MPa	
P_{cf}	安全阀临界压力	MPa	
LEL	危险场所内爆炸性气体的爆炸下限		mg/m^3
TLV	车间空气中有害物质容许浓度		$10^6\ mg/m^3$
M	物质的摩尔量		
OEL	职业暴露限度		mg/m^3，$\mu g/m^3$
HBEL	健康暴露限度		mg/day
NOAEL	无可见损害作用水平		mg/kg/d
LOAEL	最低可见损害作用水平		mg/kg/d
BW	人员体重		kg
SF	安全因子		
SAL	单位面积设备表面残留限度		mg/cm^2
SSA	产品共用设备表面积		cm^2
F_T	综合调整因子（ASTM E3219−20）		
ADE	日可接受暴露值		mg/day
PDE	日允许暴露值		mg/day
F_C	综合调整因子（ISPE）		
MF	基于毒理学家的修正因子		
PK	与给药途径相关的药代动力学因子		
MF−PK	累积因子		
α	接触途径的生物利用度		

B.2 工艺设备一览表

×××××设计院 ×××××PHARMACEUTICAL INDUSTRY DESIGNING INSTITUTE	委托单位 GLIENT	××××× 有限公司	设备表（工艺） EQUIPMENT LIST	编制 DESIGNED		图号 DWG. NO.			
	项目名称 PROJECT	××××× 项目		校核 CHECKED		设计阶段 STACE			
	单项工程 UNIT	××××× 车间		审核 REVIEWED		张号 SHT NO.		版次 REV.	1

	设备位号 EQUIPMENT NO	设备名称 EQUIPMENT NAME	规格型号 SIZE/MODLE	技术参数 TECHNICAL SPECIFICATION	单位 UNIT	数量 QUANTITY	材料 MATERIAL	重量（kg）WEIGHT 单重 UNIT WEIGHT	 总重 TOTAL WEIGHT	备注 REMARK
	预处理工段									
一	搅拌设备									
1	R0102	洗涤釜	15 m^3	有效容积：15 m^3　筒体尺寸：∅2 400×3 200 mm　总高（不包含电机）：4 400 mm	台	1	碳钢 /Q345R	4 800	19 000	桨式搅拌 /60 转
				电机功率：22 kW，380 V　工作压力：−0.1 ~ 0.17 MPa 设计压力：−0.1 ~ 0.3 MPa						电机变频 / 带支腿
				工作温度：90℃　釜内介质：水、菌丝						
二	储罐									
1	V0101a−b	储罐罐	5.0 m^3	有效容积：5.0 m^3　筒体尺寸：∅1 600×2 500 mm　总高：3 800 mm	台	2	304	1 600	6 500	立式椭圆 / 带支腿
				工作压力：常压　釜内设计温度：<70℃　介质：热水						/ 带液位计
三	泵									
1	P0101a−b	输送泵	FMB100−80−200	Q=100 m^3/h　H=50 m　电机功率：30 kW，380 V　进出口径：100/80	台	4	碳钢衬氟陶	230	260	两用两备
				工作温度：90℃　介质：发酵液			合金			
2	201P0201a−b	进料泵	IH65−50−125	Q=30 m^3/h　H=20 m　电机功率：3 kW，380 V　进出口径：65/50	台	2	304	230	260	一用一备
				设计温度：<50℃　介质：甲醇						
四	换热器									
1	E0101	冷凝器	60 m^2	换热面积：60 m^2　筒体管长尺寸：∅900×2 000　管程工作温度：10 ~ 50℃	台	1	304	1 300	1 500	不锈钢列管冷凝器
				壳程工作温度：90℃　管程最高工作压力：0.3 MPa　壳程工作压力：−0.1 ~ 0.1 MPa						
				循环水接口尺寸：DN150/DN150						
五	机械设备									
1	M0101	电动葫芦	1 T	吊装能力：1 T/ 次　提升高度：5 m　轨道长度：8 m	套	1	碳钢	300	1 300	称动式
2	M0102	管链		输送能力：6 m^3/h　外形尺寸：∅250×40 000 mm 电机功率：5.50 kW，380 V，1 进 4	套	1	304	2 500	2 800	
六	过滤及其他设备									
1	X0101	过滤器		孔径：10 mm　设计压力：0.8 MPa　接口尺寸：DN150/DN150	台	1	304	270	290	
2	201X0102	旋风分离器		外形尺寸：∅400×600（1 200）mm　底部口径：200 mm 接口尺寸：DN400/DN400	台	1	304	960	980	
3	201X0103	脉冲布袋除尘器	DCM72	风机型号：4−72　风量：7 720−110 054 m^3/h　风压：3 187−2 962 Pa	台	1	碳钢	1 200	1 300	
				电机功率：11 kW，380 V						
			∅300 管道	风量：3 000 m^3/h	套	1	304			

B.3 工艺设备运行状态

编号	操作状态	设备名	DD	FD	CD	kW	N2	CST	备注
309	霜膏剂配料	料贮		D50		2.1			
309	霜膏剂配料	配料		D50					
315/201	软管封口灌装装盒	软管灌装打			灌装用				
314	液体制剂配料	料贮		D50		2.1			
313	液体制剂灌装	罐装压							
301	穿衣	洗手	洗手盆						
307	设备清洗	CIP/ 容器		D50					
307	部件清洗	盆洗	洗手盆						
304	IPC	实验	洗手盆						
104	男厕所		Y						
105	女厕所		Y						

B.4 管道仪表流程图

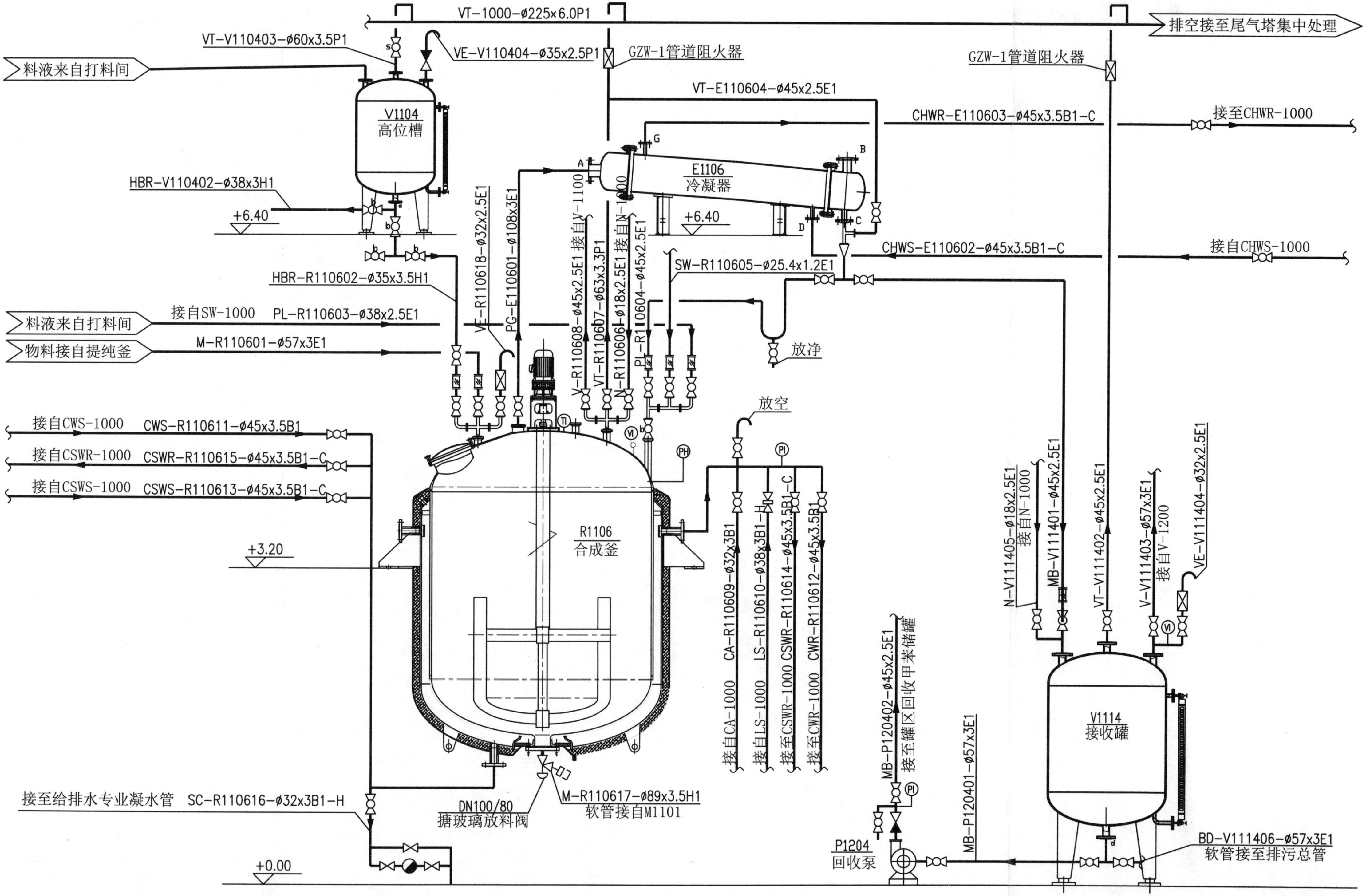

图 A